采油工程

2024 年第 3 辑

大庆油田有限责任公司采油工艺研究院　编

石油工业出版社

图书在版编目（CIP）数据

采油工程. 2024 年第 3 辑 / 大庆油田有限责任公司采油工艺研究院编. -- 北京 ：石油工业出版社，2024. 9. -- ISBN 978-7-5183-6929-4

Ⅰ. TE35

中国国家版本馆 CIP 数据核字第 20246SJ706 号

《采油工程》编辑部

地　　址：黑龙江省大庆市让胡路区西宾路 9 号采油工艺研究院

邮　　编：163453

电　　话：0459-5974645　010-64523587

邮　　箱：cygc@ petrochina. com. cn

出版发行：石油工业出版社

（北京安定门外安华里 2 区 1 号　100011）

网　　址：www. petropub. com

经　　销：全国新华书店

印　　刷：北京晨旭印刷厂

2024 年 9 月第 1 版　2024 年 9 月第 1 次印刷

880 毫米×1230 毫米　开本：1/16　印张 6. 25

字数：180 千字

定价：45. 00 元

（如出现印装质量问题，我社图书营销中心负责调换）

采油工程
2024年 第3辑

目 次

增产增注技术

返排液复配瓜尔胶压裂液技术研究与应用 唐鹏飞，范克明，韩志伟，尚宏志，孙志成 1

致密油直井大规模压裂井卡管柱原因分析及对策研究 许红丽 6

古龙超低渗透页岩储层增产改造新思路探讨 范克明，邓大伟，侯堡怀，李 伟，于望达 11

致密火山岩储层难压原因分析及对策——以 X 气田为例 王一群，郎 爽，孙翰文，郭光辉，贾国超 18

合川气田特高矿化度气井解堵除垢剂研究与应用 刘国红 24

CO_2 准干法压裂技术研究与现场试验 贾子凯 29

钻完井与修井

古龙页岩油大偏移距欠位移水平井钻井设计与实践 苑晓静，潘荣山，王鹏浩，杨金龙，陶丽杰 35

平页 X 井组钻井实践与设计优化研究 韩德新，蒲赛能，杨金龙，屈华业，刘美玲 41

松辽盆地致密油钻井技术难点与对策 程 岩 49

DA104H 井高效钻井技术应用 段永坚 55

油气藏工程及方案优化

基于 OLGA 的页岩油井结蜡特性分析 刘云双，卢秋羽，李俊亮，张晓川，马品刚 62

中基性火山岩储层特征及岩石力学实验评价研究 齐士龙，刘登元，唐鹏飞，杨春城，张兴雅 67

页岩油用等孔径射孔器穿孔性能试验研究 李东传，姜国庆，王 涛，陈奕君，荆立英 75

气井智能化管控技术研究 孙 英 82

英文摘要 89

OIL PRODUCTION ENGINEERING

Contents

STIMULATION AND STIMULATED INJECTION

Research and Application of Flowback Fluid Compounding Guar Gum Fracturing Fluid
Tang Pengfei, Fan Keming, Han Zhiwei, Shang Hongzhi, Sun Zhicheng 1

Analysis and Countermeasures of Pipe String Stuck in Tight-oil Large Scale Fracturing Vertical Wells
Xu Hongli 6

Exploration of New Approaches to Stimulation of Ultra-Low Permeability Shale Reservoirs in Gulong
Fan Keming, Deng Dawei, Hou Baohuai, Li Wei, Yu Wangda 11

Analysis and Countermeasures of Difficult fracturing in Tight Volcanic Rock Reservoirs — A Case Study of X Gas Field
Wang YiQun, Lang Shuang, Sun Hanwen, Guo Guanghui, Jia Guochao 18

Research and Application of Deplugging and Descaling Agent for Ultra-high Salinity Gas Wells in Hechuan Gas Field Liu Guohong 24

Research and Field Test of CO_2 Quasi-dry Fracturing Technology Jia Zikai 29

DRILLING, COMPLETION AND WORKOVER

Design and Practice of Drilling Horizontal Wells with Large Offset and Insufficient Displacement in Gulong Shale Oil Reservoir Yuan Xiaojing, Pan Rongshan, Wang Penghao, Yang Jinlong, Tao Lijie 35

Research on Drilling Practice and Design Optimization of Pingye X Well Group
Han Dexin, Pu Saineng, Yang Jinlong, Qu Huaye, Liu Meiling 41

Difficulties and Countermeasures of Drilling Technology for Tight Oil Reservoir in Songliao Basin
Cheng Yan 49

Application of Efficient Drilling Technology in Well DA104H Duan Yongjian 55

RESERVOIR ENGINEERING AND SCHEME OPTIMIZATION

Analysis of Wax Deposition Characteristics in Shale Oil Wells Based on OLGA
Liu Yunshuang, Lu Qiuyu, Li Junliang, Zhang Xiaochuan, Ma Pingang 62

Research on Characteristics of Medium Basic Volcanic Rock Reservoirs and Experimental Evaluation of Rock Mechanics Qi Shilong, Liu Dengyuan, Tang Pengfei, Yang Chuncheng, Zhang Xingya 67

Experimental Study on Perforation Performance of Perforator with Equal Aperture for Shale Oil
Li Dongchuan, Jiang Guoqing, Wang Tao, Chen Yijun, Jing Liying 75

Research on Intelligent Control Technology for Gas Wells Sun Ying 82

ABSTRACT 89

返排液复配瓜尔胶压裂液技术研究与应用

唐鹏飞[1,2,3]，范克明[1,2,3]，韩志伟[1,2,3]，尚宏志[1,2,3]，孙志成[1,2,3]

（1. 大庆油田有限责任公司采油工艺研究院；2. 黑龙江省油气藏增产增注重点实验室；
3. 多资源协同陆相页岩油绿色开采全国重点实验室）

摘　要：为解决页岩油压裂返排液液量大、储存及处理困难的问题，开展了返排液复配瓜尔胶压裂液技术研究。由于返排液成分复杂、矿化度高，直接复配瓜尔胶压裂液不能溶解起黏。因此，开展室内实验研究，明确了返排液复配瓜尔胶压裂液不起黏机理，形成了返排液复配瓜尔胶压裂液工艺技术。通过矿化度调节、屏蔽离子和复合交联“三位一体”协同作用，使返排液复配瓜尔胶压裂液性能与自来水配制瓜尔胶压裂液性能相当，返排液复配利用率为 100%。形成的返排液复配瓜尔胶压裂液在大庆油田 X 井开展了现场试验，返排液用量为 3000m^3，单段加砂量为 112m^3，最高砂比达 30%，现场试验取得成功，使每年百万立方米页岩油压裂返排液变废为宝，为非常规资源效益开发提供了有力支撑。

关键词：页岩油；压裂；返排液；矿化度；瓜尔胶压裂液

大庆油田页岩油改造具有单井规模大、压裂返排率高的特点，导致了压裂返排液量大。返排液处理成本高、储存空间有限且存在环保风险，大大增加了页岩油开发运行成本。页岩油单井压裂液量介于 $5\times10^4 \sim 10\times10^4 m^3$；试验区第一年累计返排率达 40% 以上，第二年累计返排率达 60% 以上。年产生返排液量预计百万立方米。为了解决返排液大量累计带来的存储及环保压力，攻关形成了返排液复配瓜尔胶压裂液技术，为降低返排液处理成本和环保压力提供了解决办法。

1 返排液对复配瓜尔胶压裂液影响

返排液成分复杂、矿化度高，对瓜尔胶压裂液增黏成胶影响大[1]。实验室采用返排液直接复配瓜尔胶压裂液时，无论返排液是否处理，瓜尔胶均几乎不溶胀增黏，形成胶团析出物（图 1、图 2）。复配的瓜尔胶压裂液黏度小于 2mPa · s，与水相当，无法满足现场施工需要。因此，为解决页岩油压裂返排液液量大、储存及处理困难的问题，需开展返排液复配瓜尔胶压裂液技术研究。

图 1　处理返排液复配瓜尔胶压裂液析出物

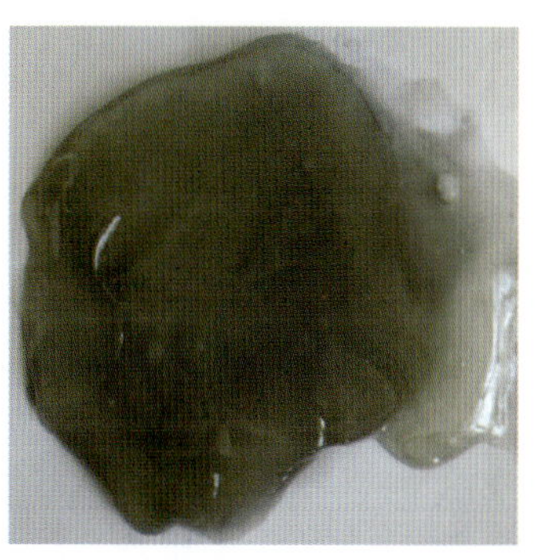

图 2　未处理返排液复配瓜尔胶压裂液析出物

第一作者简介：唐鹏飞，1977 年生，男，教授级高级工程师，现主要从事压裂增产改造工作。
邮箱：tpf@ petrochina. com. cn。

2 返排液离子组分分析

用电感耦合等离子体发射光谱仪 ICP-OES 分析现场水、返排液及处理返排液的离子成分[2]，结果如表1所示。返排液中 Ca^{2+}、Mg^{2+} 等二价离子含量与现场水的相近，含量较低；K^+ 和 Na^+ 等一价离子含量较高。处理返排液中一价离子含量达1292.27mg/L，达到现场水一价离子含量的30倍以上。返排液及处理返排液中均含有一定量 B^{3+} 离子，现场水中几乎不含该离子。分析压裂液成分，B^{3+} 离子主要来自于瓜尔胶压裂液交联剂。

表1 不同水质离子成分分析表

离子	现场水（mg/L）	返排液（mg/L）	处理返排液（mg/L）
B^{3+}	0	4.19	4.05
Ca^{2+}	0.82	0.08	2.28
Mg^{2+}	1.19	0.11	0.59
K^++Na^+	39.38	557.63	1292.27
合计	43.33	601.37	1321.84

3 返排液离子组分对瓜尔胶压裂液性能影响

针对返排液的离子组分，开展 K^+、Na^+、Ca^{2+} 和 Mg^{2+} 离子对瓜尔胶压裂液性能影响分析，结果如表2所示。K^+、Na^+、Ca^{2+} 和 Mg^{2+} 等常见的阳离子对瓜尔胶压裂液性能影响小，质量分数3.0%盐水压裂液基液黏度损失小于15%，表明常见无机盐对瓜尔胶压裂液增黏携砂性能影响小，不是导致返排液无法复配瓜尔胶压裂液的主因。

表2 无机盐对瓜尔胶压裂液基液黏度影响表

单位：mPa·s

无机盐	无机盐质量分数（%）					
	0	0.2	0.5	1.0	2.0	3.0
KCl	85.40	81.69	79.14	78.27	76.85	75.31
NaCl	85.40	82.22	78.08	76.73	75.14	74.56
$CaCl_2$	85.40	78.64	76.76	75.23	75.14	74.78
$MgCl_2$	85.40	77.43	75.67	73.31	73.02	72.64

注：瓜尔胶质量分数为0.45%。

采用有机硼交联剂模拟返排液中 B^{3+} 离子对瓜尔胶压裂液的影响，如表3所示。基液黏度随有机硼交联剂质量分数增加而快速降低，当有机硼交联剂质量分数不小于0.07%后，基液黏度小于5mPa·s，几乎无增黏效果，瓜尔胶析出形成胶团，与返排液复配瓜尔胶压裂液现象一致。因此，B^{3+} 离子是影响瓜尔胶在返排液中溶胀增黏的主因。

表3 交联剂质量分数对瓜尔胶压裂液基液黏度影响表

交联剂质量分数（%）	0	0.03	0.05	0.06	0.07	0.08	0.10
基液黏度（mPa·s）	85.40	76.32	66.43	18.89	4.32	1.55	1.62

注：瓜尔胶质量分数为0.45%。

4 离子屏蔽剂屏蔽效果评价

通过分析单一离子对返排液复配瓜尔胶压裂液性能的影响可知，残留交联剂与未完全溶胀的瓜尔胶交联形成胶团[3]，在重力作用下发生聚沉，导致返排液复配瓜尔胶压裂液无法增黏。针对交联离子影响瓜尔胶溶胀作用机理，研发了离子屏蔽剂。在离子屏蔽剂质量分数0.03%条件下，基液黏度为82.12mPa·s，与自来水配制瓜尔胶压裂液基液黏度85.40mPa·s基本相当，如表4所示。返排液复配瓜尔胶压裂液成胶状态良好，可挑挂。因此，研发的离子屏蔽剂能有效屏蔽有机硼等交联剂离子，实现瓜尔胶在返排液中有效增黏。

表4 离子屏蔽剂对返排液复配瓜尔胶压裂液基液黏度影响表

离子屏蔽剂质量分数（%）	0	0.010	0.020	0.025	0.030
基液黏度（mPa·s）	1.62	9.87	32.63	69.27	82.12

注：瓜尔胶质量分数为0.45%。

5 返排液复配瓜尔胶压裂液综合性能评价

按照页岩油压裂液现场施工条件，优选压裂

液添加剂以满足压裂液耐温耐剪切性能、破胶性能、助排破乳性能等需求[4]，形成了返排液复配瓜尔胶压裂液配方。基液配方为0.4%瓜尔胶+0.4%复合添加剂+0.03%离子屏蔽剂。pH调节液配方为9%碳酸钠+3%碳酸氢钠。交联剂配方为18%有机硼交联剂+12%有机锆交联剂。基液与交联剂体积比为100∶1。从压裂液耐温耐剪切性能、破胶性能、助排破乳性能等方面评价返排液复配瓜尔胶压裂液综合性能[5-7]。

5.1 耐温耐剪切性能

按照返排液复配瓜尔胶压裂液配方配制压裂液基液、pH值调节液及交联剂，应用Mars流变仪进行了返排液复配瓜尔胶压裂液耐温耐剪切性能评价实验。在90℃、100s^{-1}条件下剪切60min，返排液复配瓜尔胶压裂液黏度为106.7mPa·s，结果如图3所示。评价结果满足压裂液剪切黏度不小于50mPa·s的技术要求，表明返排液复配瓜尔胶压裂液具有良好的耐温耐剪切性能，可满足页岩油压裂对压裂液携砂性能需求。

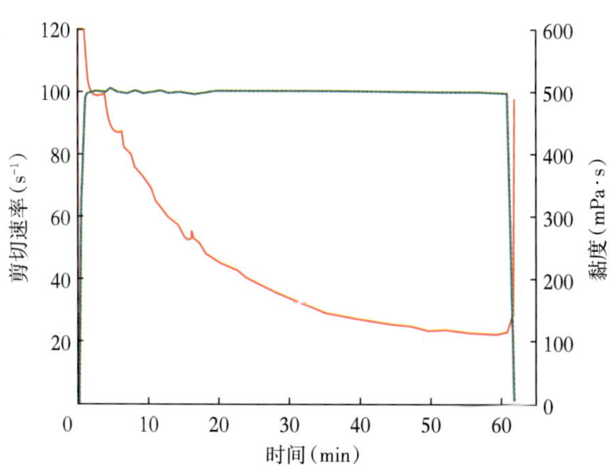

图3 返排液复配瓜尔胶压裂液耐温耐剪切性能评价曲线图

5.2 破胶性能

向100mL压裂液中加入质量分数0.05%过硫酸钾（$K_2S_2O_8$），并装入密闭容器中，在90℃烘箱内恒温8h，取上层清液在室温下采用品式毛细管黏度计测试破胶液黏度，结果如表5所示。返排液复配瓜尔胶压裂液破胶液黏度为1.9mPa·s，破胶性能良好。

表5 返排液复配瓜尔胶压裂液破胶性能表

破胶温度（℃）	破胶时间（h）	行业标准（mPa·s）	破胶液黏度（mPa·s）	破胶状况
90	8	≤5	1.9	良好

5.3 助排破乳性能

取破胶液上层清液，采用克吕氏K100表界面张力仪测试助排性能，表面张力为25.63mN/m，界面张力为1.09mN/m，助排性能满足行业标准要求（表6）。采用科勒破乳率测定仪测试破胶液对页岩油破乳性能，破乳率为100%，破乳性能满足行业标准要求。

表6 返排液配制瓜尔胶压裂液助排破乳性能表

项目	表面张力（mN/m）	界面张力（mN/m）	破乳率（%）
返排液复配瓜尔胶压裂液破胶液	25.63	1.09	100
行业标准	≤32	≤3	≥95

5.4 破胶液残渣含量

量取配好的压裂液冻胶50mL左右，90℃恒温12h，使压裂液彻底破胶，将破胶液全部倒入已烘干恒重的离心管中，在3000±150 r/min的转速下离心30min，然后慢慢倾倒出上层清液，再用50mL水洗涤破胶容器后倒入离心管中，用玻璃棒搅拌洗涤残渣样品，再放入离心机中离心20min，倾倒上层清液，将离心管放入电热恒温干燥箱中烘烤，在105±1℃条件下烘干到恒重。

压裂液的破胶液残渣含量公式为：

$$\eta=\frac{\Delta m}{V}$$

式中 η——破胶液残渣含量，mg/L；

Δm——残渣质量，mg；

V——压裂液体积，L。

实验结果如表7所示，返排液复配瓜尔胶压裂液的破胶液残渣含量为483.3mg/L，与自来水配制瓜尔胶压裂液相当，满足行业标准不大于600mg/L技术要求。

表7　破胶液残渣含量表

样品	压裂液体积 V (mL)	残渣质量 Δm (g)	残渣含量 η (mg/L)
返排液	48.10	0.0007	14.6
自来水配制瓜尔胶压裂液	49.69	0.0202	406.5
返排液复配瓜尔胶压裂液	48.83	0.0236	483.3

5.5 破胶液粒径分布

采用激光粒度仪对自来水配制瓜尔胶压裂液和返排液复配瓜尔胶压裂液开展粒径分析。返排液复配瓜尔胶压裂液破胶液的粒径与自来水配制瓜尔胶压裂液破胶液的粒径相比稍大，DV10、DV50结果差异在5%以内（表8），破胶液粒径分布形态相当（图4、图5），表明返排液对破胶液粒径分布影响较小。

表8　破胶液粒径分布表

破胶液类型	DV10 (μm)	DV50 (μm)
自来水配制瓜尔胶压裂液破胶液	18.7	51.2
返排液复配瓜尔胶压裂液破胶液	19.6	53.4

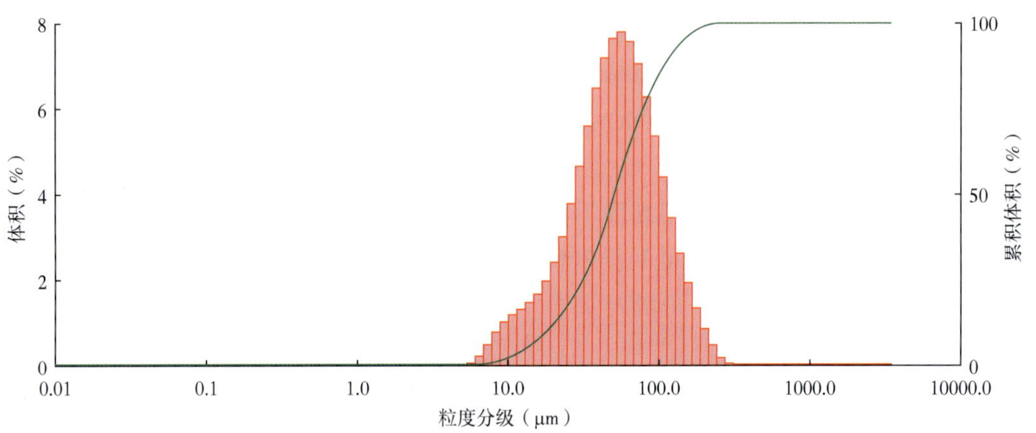

图4　自来水配制瓜尔胶压裂液破胶液粒径分布图

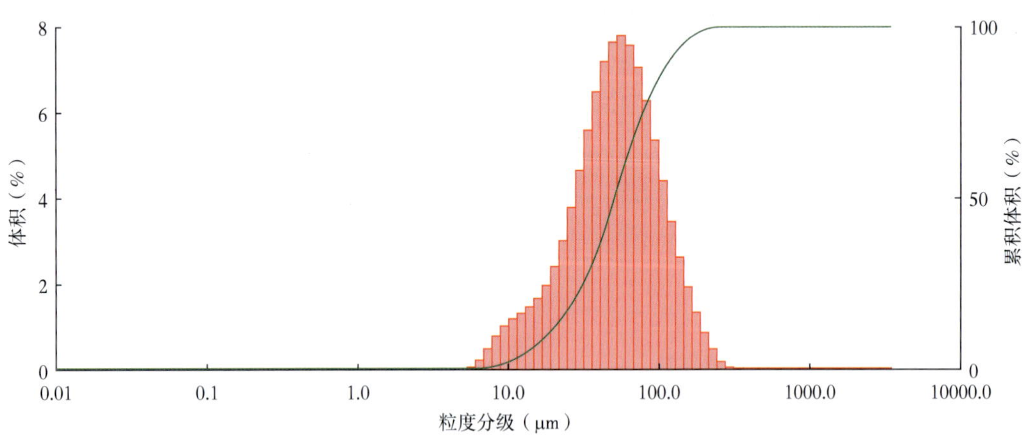

图5　返排液复配瓜尔胶压裂液破胶液粒径分布图

6 返排液复配瓜尔胶压裂液现场试验

采用返排液复配瓜尔胶压裂液技术在X井开展现场试验，现场取样检测返排液含油量1.0mg/L，悬浮物为16.0mg/L，均满足《大庆油田地面建设工程规划技术规定》（ZJ-S101-0005）的“双20”标准要求。采用返排液复配瓜尔胶压裂液试验2段，基液黏度为55mPa·s，成胶状态良好，最高砂比为30%，单段加砂量为112m^3，消耗返排液为3000m^3，施工成功率为100%，如图6所示。试验结果表明，返排液复配瓜尔胶压裂液满足现场施工需要。

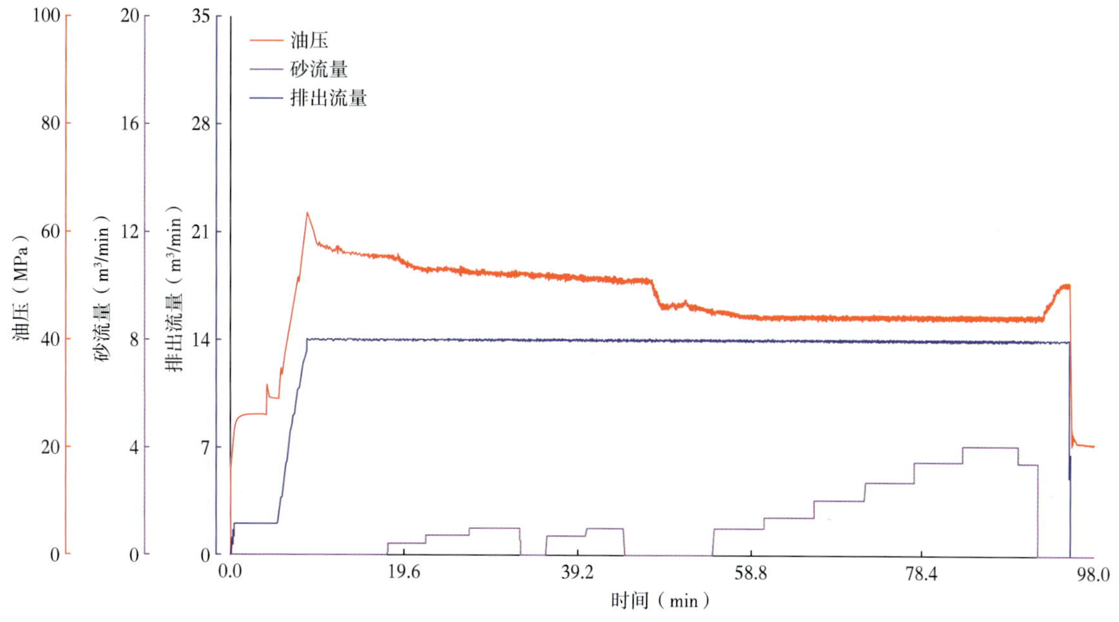

图6　X井第一段压裂施工曲线图

7 结　论

（1）瓜尔胶耐盐性较强，K^+、Na^+、Ca^{2+}、Mg^{2+}等常见离子对瓜尔胶压裂液溶胀增黏性能影响较小；交联剂B^{3+}离子是返排液无法复配瓜尔胶压裂液的主因。

（2）离子屏蔽剂可有效屏蔽交联剂B^{3+}离子，实现瓜尔胶在返排液中正常溶胀增黏，成胶状态良好，可挑挂。

（3）返排液复配瓜尔胶压裂液耐温耐剪切性能、破胶性能、助排破乳性能等均可满足行业标准和现场施工要求。

参考文献

［1］ 王满学，刘建伟，何静，等．水基压裂液重复使用技术的现状及发展趋势［J］．断块油气田，2018，25（3）：394-397.

［2］ 范克明，尚宏志，杜辉，等．压裂返排液对不携砂滑溜水压裂液性能影响研究［G］//大庆油田有限责任公司采油工程研究院．采油工程2022年第1辑．北京：石油工业出版社，2022：25-29.

［3］ 向洪，王涛，刘建涛，等．吐哈油田压裂返排液重复利用技术［J］．油气田环境保护，2017，27（1）：25-27.

［4］ 龙政军．压裂液添加剂对压裂效果的影响及分析［J］．钻采工艺，2002，25（2）：76-79.

［5］ 范克明．复合高效压裂液技术研究［G］//大庆油田有限责任公司采油工程研究院．采油工程文集2016年第2辑．北京：石油工业出版社，2016：23-26.

［6］ 尚宏志，范克明，王尚飞，等．新型全液态变黏滑溜水压裂液性能评价及现场应用［G］//大庆油田有限责任公司采油工艺研究院. 采油工程2024年第1辑．北京：石油工业出版社，2024：12-15.

［7］ 姚丽红．低相对分子质量稠化剂渗吸压裂液体系的研发及性能评价［J］．石油石化节能与计量，2024，14（6）：6-10.

致密油直井大规模压裂井卡管柱原因分析及对策研究

许红丽

（大庆油田有限责任公司第一采油厂）

摘　要：压裂时管柱遇卡无法顺利起出导致延误油水井及时排液投产，影响压裂措施效果。如采用大修作业处理将延长作业时间、增加作业成本。因此，针对致密油直井大规模压裂管柱遇卡这一问题，开展原因分析及治理措施研究。对X、Y等4个区块部分施工井进行大数据统计分析，识别出压裂遇卡井特征因素，同时对已遇卡管柱井修井结果进行剖析，明确出砂卡井主要原因。通过对压裂工具质量、地层参数、压裂支撑剂、现场施工质量控制4方面进行统计分析，确定压裂封隔器性能和级数是影响压裂管柱安全起出的主要因素，并提出了优化压裂工艺及工具的同时要做好压裂前后的施工管理工作，有效降低压裂卡管柱井比例，避免影响压裂效果，为油田压裂井安全高效施工提供技术支持。

关键词：压裂；封隔器；卡管柱；致密油；暂堵

压裂增产改造措施是油田开发中的一项重要措施，尤其是低渗致密储层要经过大规模的压裂改造才能提高产油效果。由于近年来压裂规模不断增大，出现管柱遇卡的情况也随之增多，不仅延误油水井及时排液投产，影响措施效果；而且在事故处理过程中，措施不当易造成井下事故复杂化，被迫进行大修处理，延长作业时间，增加作业成本。国内多个油田均针对压裂管柱防卡开展了研究。

吉林油田对30口井实施双封单卡重复压裂，其中，卡管柱井达到8口，分析认为补孔压裂层压裂后与已投产层存在压力差，层间压差大，势必造成压裂后高压层向低压层倒灌，在二封上部形成砂桥卡井；河南油田采用Y111型和Y221型机械坐封、解封方式的封隔器，发生砂卡时卡瓦不易回收造成卡管柱[1]；华北油田在煤层气分层压裂时采用扩径式喷封一体工具，其遇卡主要由于井筒内结垢、封隔器回收差所导致[2]；海上油田采用以Y344型封隔器为主的不动管柱多层压裂工艺，其遇卡原因主要是封隔器性能不稳定，套管放压导致出砂，造成压裂管柱遇卡[3]；中石化针对水平井采用多级封隔器和滑套喷砂器组合式工艺管柱，管柱遇卡主要原因是封隔器回收性能差，水平段易砂卡[4]。分析认为，主要是封隔器类型多采用压缩式，其回收性能相对较差，导致管柱遇卡的情况较多，部分井由于层间压差大导致出砂卡管柱，为压裂管柱遇卡分析提供了参考。

以大庆油田外围致密油X区块为例，采用直井大规模压裂井20口，其中，发生卡管柱井8口，占比达到40%。该工艺在长垣老区应用时卡管柱比例相对较低，仅为5.3%，但总体压裂井数规模超3000口，卡管柱井数超150口。由于大庆油田所采用的工具类型与其他油田有所差异，为此，针对大庆油田致密油直井多段大规模压裂施工中所出现的卡管柱问题，从多方面开展原因分析，并制定相对应的对策。

1 整体分析思路

压裂工艺管柱在施工的过程中，除了压裂工具本身，还与压裂液、压裂支撑剂、井筒条件、

作者简介：许红丽，1984年生，女，工程师，主要从事增产改造技术攻关及项目运行管理工作。

邮箱：honglixu@ petrochina. com. cn。

地层压力、压裂前通井、压裂后起管柱等多项因素相关。其中井筒条件、压裂前后现场操作涉及技术因素较少。目前所采用压裂液均为长期应用的成熟产品。结合大庆油田压裂工艺管柱特点、储层特点及施工方式，主要以压裂工具本身为主因，地层压力、相关压裂支撑剂为辅因，重点从三方面进行数据统计与分析。

2 压裂工具影响分析

目前大庆油田外围致密油直井大规模压裂工艺管柱主要采用坐压多段压裂工艺[5-6]，以多级封隔器和滑套喷砂器组合为主，每两级封隔器单卡目的层，压裂时通过逐级投球开启滑套喷砂器进行分段压裂，根据不同压裂段数、施工规模、施工压力等匹配不同型号和级数的封隔器（图 1）。其中，封隔器和喷砂器的工作状态直接影响到管柱的施工安全，从封隔器类型、封隔器级数、工具质量三方面对其进行分析。

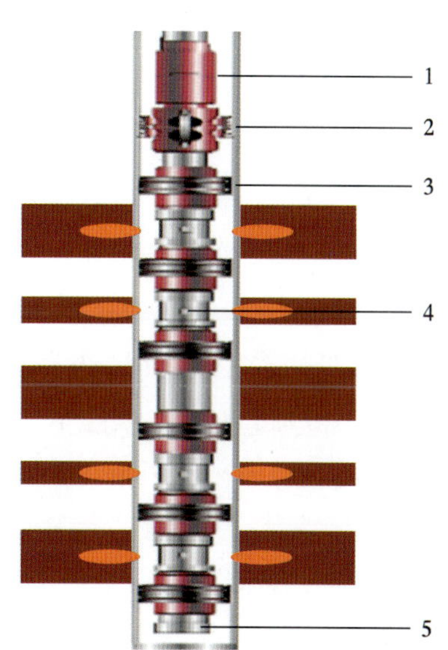

图 1　直井坐压多段压裂管柱结构图

1—安全接头；2—水力锚；3—封隔器；4—滑套喷砂器；5—丝堵

2.1 封隔器类型因素

目前大庆油田应用的压裂封隔器主要为压缩式和扩张式两种类型（图 2）。扩张式封隔器应用规模大于压缩式封隔器。压缩式封隔器型号以 Y344 和 Y341 为主，通过压缩胶筒密封套管，其耐温、承压性能高于扩张式封隔器，性能指标可达到耐温 150℃、承压差 80MPa；扩张式封隔器型号以 K344 为主，通过压力扩张胶筒密封套管，性能指标最高可达到耐温 120℃、承压差 70MPa。

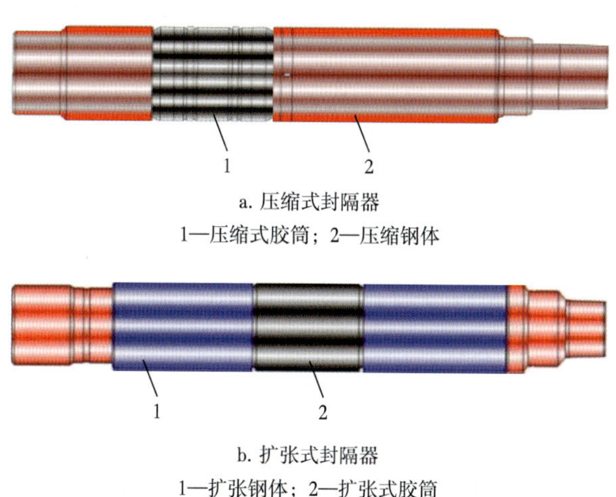

a. 压缩式封隔器
1—压缩式胶筒；2—压缩钢体

b. 扩张式封隔器
1—扩张钢体；2—扩张式胶筒

图 2　两种类型压裂封隔器结构示意图

由于两种封隔器胶筒原理差异，压缩式胶筒在井下回收时需克服胶筒上下压差，较扩张式胶筒相比回收难度更大。通过对前期已施工压裂井压裂后起管柱情况统计，压缩式封隔器卡管柱及需长时间活动管柱的比例超过 20%，扩张式封隔器卡管柱及需长时间活动管柱的比例约为 5%。

2.2 封隔器性能因素

压裂工具的性能和质量是影响压裂管柱生产安全的重要因素，压缩式封隔器应用规模相对较小，且封隔器性能比较稳定。因此，重点对扩张式封隔器的性能进行分析。为此，根据扩张式封隔器具体应用型号、应用井数及卡管柱情况，对 X 区块已压裂完工的 421 口压裂井（包含部分低渗透储层压裂井）进行数据统计，具体数据见表 1。统计发现 K344-115 型封隔器卡管柱井数为 19 口，占总施工井数的 12.50%。对应用规模较大的 K344-114 型和 K344-115 型两种类型的封隔器进行如下分析：

一是封隔器结构不同。K344-115 型封隔器由上接头、中心管、扩张式胶筒、下接头 4 部分组成，其中扩张式胶筒内部由中心管支撑；K344-114 型封隔器由上接头、集成式扩张胶筒、下接胶筒座3部分组成，其中集成式扩张胶筒连接在中心管上，中心管中部设有4条0.25mm的割缝，用于过滤压裂支撑剂，使解封通道更顺畅，与以往常见的同类封隔器相比，结构更加简单。

表1 X区块压裂施工井封隔器应用情况统计表

封隔器型号	K344-114	K344-115	其他型号	小计
应用井数（口）	230	152	39	421
卡管柱井数（口）	9	19	1	29
占施工井数比（%）	3.91	12.50	2.56	6.89

二是封隔器胶筒解封时间不同。K344-115型封隔器整体长度为890mm、胶筒长度为245mm、直径为115mm，单井平均解封时间为85min；K344-114型封隔器整体长度为528mm、胶筒长度为100mm、直径为114mm，单井平均解封时间为15min。通过对比可以看出，K344-114型封隔器在胶筒长度上较短，解封时间较K344-115封隔器减少70min，有助于降低压裂管柱遇卡风险。

另外，扩张式封隔器的胶筒质量也是导致压裂管柱遇卡的原因之一。2023年针对X区块压裂管柱遇卡井进行大修处理，并对起出的工具进行了检查与分析，其中由于工具质量问题造成卡管柱的井为14口，封隔器胶筒损坏或回收不彻底的井为9口。封隔器胶筒质量问题表现在封隔器钢丝骨架与胶筒脱离、胶筒鼓包、破损，造成封隔器未完全解封，导致压裂管柱遇卡（图3）。

a. 胶筒与钢丝骨架脱离

b. 胶筒破损

图3 封隔器胶筒质量问题现场图

2.3 封隔器级数因素

统计分析Y、Z两个区块622口施工井。从封隔器应用级数来看：当封隔器级数越多，卡管柱概率明显上升；当封隔器级数大于5级时，卡管柱比例提高近1倍（表2）。分析认为封隔器级数对卡管柱有3点影响：一是封隔器级数越多，施工过程中坐封和解封的次数就越多，同时压裂施工为高压憋放，容易导致封隔器胶筒弹性形变失效，封隔器无法复原；二是封隔器级数越多，与套管产生的摩擦力就越大，需要解封的载荷就越大；三是封隔器级数多，也增加了封隔器被刮坏、胶筒脱胶等风险。

表 2　Y 和 Z 区块压裂施工井封隔器级数情况统计表

项目	单井封隔器级数				小计
	≤4 级	5 级	6 级	>6 级	
应用井数（口）	230	159	223	10	622
卡管柱井数（口）	9	11	17	2	39
占比（%）	3.91	6.92	7.62	20.00	6.27

3 地层参数影响分析

为分析地层压力对卡管柱的影响，统计 M 区块 355 口井，对比地层亏空压力低井与地层压力正常井压裂后管柱起出情况（表 3）。从全部施工井范围内看，地层亏空压力低的井卡管柱或起管柱困难的比例达到 16.06%，高于地层压力正常的井。分析认为，如果区块地层亏空严重，易导致压裂后套管压力低于油管压力，油管与套管间存在压差，扩张式封隔器胶筒仍处于膨胀状态，需长时间扩散平衡油套管压差才能解封，封隔器长时间膨胀易造成胶筒疲劳失去回弹，提高砂卡的概率。同时，地层亏空严重也会在一定程度上导致压裂携砂液滤失过快，卡距内压裂支撑剂沉积概率也将增大。

表 3　M 区块压裂施工井情况统计表

区块	地层压力正常区块	地层亏空区块	合计
施工井数（口）	162	193	355
封隔器解封慢导致管柱起出困难井数（口）	5	31	36
卡管柱井数占比（%）	3.09	16.06	10.14

4 压裂支撑剂影响分析

压裂支撑剂在工艺管柱卡距内堆积，也是导致卡管柱的重要因素之一。从 Y 和 Z 区块压裂施工井支撑剂统计用量数据来看（表 4），当支撑剂用量大于 80m^3 时，卡管柱井比例有所上升。当支撑剂用量加大后，增加了压裂沉砂的风险，沉砂落在封隔器顶部或油套环空内造成封隔器无法解封，从而导致压裂管柱无法起出。为进一步提高压裂改造体积，在施工中常结合多次暂堵工艺，但前期不同类型的暂堵剂及不恰当的施工操作模式也为压裂工艺管柱安全生产带来了一定影响，近年来，通过不断优化压裂支撑剂用量、不同粒径支撑剂组合比例、暂堵剂加入程序等，使卡管柱风险有所降低。

表 4　Y 和 Z 区块压裂施工井（含低渗透储层直井）支撑剂用量情况统计表

项目	单井支撑剂用量（m^3）					小计
	<60	60~80	80~100	100~120	>120	
施工井数（口）	143	131	97	131	120	622
卡管柱井数（口）	4	5	12	10	5	36
占施工井数比（%）	2.80	3.82	12.37	7.63	4.17	5.79
占卡管柱井数比（%）	11.11	13.89	33.33	27.78	13.89	100.00

压裂支撑剂用量对卡管柱的影响目前仅依据数据统计，还未进行系统分析，需要从支撑剂的性质、压裂铺砂剖面、压裂后返排等方面深入研究。

5 治理对策

压裂井卡管柱除了技术因素的影响外，少部分井也存在生产管理和施工监督方面的不足，如压裂前通井不到位、替挤量不足或含砂、砂堵后沉砂处理不充分、压裂后返排控制不好、扩散时间不足、施工过程落物等。如果返排控制不好将造成卡距内沉砂，起压裂管柱不连续，砂子回落后在压裂工具上部形成砂塞，易造成卡管柱，有如下 4 点治理对策：

（1）优选性能更优、质量更稳定的封隔器、喷砂器等关键压裂工具，把好工具质量关。同时做好井筒清洁，准确落实各项参数，包括是否套变、是否有落物、固井质量是否合格等，保证井筒质量。

（2）针对地层压力亏空的问题，压裂前观察起出管柱内液体充满程度、套压情况，执行施工前套管满灌清水预判措施，出现套管倒吸、地层压力亏空时暂缓压裂，待压力恢复后安排施工。

（3）优化压裂管柱设计，避免底部封隔器与喷砂器距离过大，造成沉砂空间大，压裂后易砂卡管柱的问题。同时对于加砂规模较大的井，为避免施工时出现砂堵，工艺管柱应具备反循环冲砂解卡功能。

（4）优化压裂后返排及起管柱时机。压裂后按设计充分扩散，及时观察压裂后油管、套管压力，把握活动管柱时机，可在 2~3d 将压裂管柱活动开，避免压裂后卡管柱。根据井内压力，匹配不同嘴径喷嘴，实时调整返排参数，规避压力突降吐砂，当压力允许时，保证连续起管柱。

同时，为提高压裂施工质量，也应在施工管理方面进一步加强，入井工具、原材料保质保量、压裂中严格按照设计方案实施、压裂后精细管理。针对单井压裂 5 段以上井，在能够匹配地质油藏分层改造需求的前提下可采用连续油管拖动式压裂工艺[7-8]，使用工具数量少，也有助于降低卡管柱风险。采用以上对策，统计 3 个区块 200 余口井，去除因套变卡管柱井，压裂 5 段以上井卡管柱比例降至 2%以内，有效提高了压裂管柱起出成功率。

6 结　论

（1）通过大量压裂井工艺管柱起出情况统计，从封隔器类型、结构、级数方面分析其关键影响因素，以及地层压力与支撑剂的影响，对制定的防卡对策具有借鉴意义。

（2）目前主要采用直井坐压多段压裂工艺，由于其工艺特点，当压裂段数过多时必然会带来较高的卡管柱风险，对于单井压裂在 5 段以上的井，可加大连续油管拖动式压裂工艺的应用规模，进一步降低卡管柱风险。

（3）随着可溶材料的进步，下一步建议攻关具有可溶功能的解封机构封隔器，提高管柱防卡性能。

参考文献

［1］ 乔荣娜，费胜山，李家明，等．防砂卡分层压裂管柱研究与应用［J］．钻采工艺，2011，34（4）：52-54.

［2］ 姚晓军，孙泽良，刘斌，等．分层压裂管柱解卡工艺在煤层气井上的应用［J］．中国煤层气，2018，15（6）：18-20.

［3］ 王万鹏，石张泽，贾奔．海上油田压裂管柱遇卡原因分析及探索［J］．石化技术，2022，29（12）：105-107.

［4］ 张博．套管封隔器分段压裂管柱遇卡原因分析及解决方案［J］．化学工程与装备，2022（2）：85-86.

［5］ 王鑫．直井全通径多层压裂工艺在大庆油田的应用［G］//大庆油田有限责任公司采油工程研究院．采油工程文集 2017 年第 3 辑．北京：石油工业出版社，2017：33-36.

［6］ 张洋．不动管柱多层压裂工艺技术［J］．科学技术与工程，2011，11（35）：8869-8871.

［7］ 李琳，李清忠，张春辉，等．水平井连续油管压裂技术的应用［G］//大庆油田有限责任公司采油工程研究院．采油工程 2012 年第 4 辑．北京：石油工业出版社，2012：1-3.

［8］ 王金友，许国文，李琳，等．连续油管拖动底封水力喷射环空加砂分段压裂技术［J］．石油矿场机械，2016，45（5）：69-72.

古龙超低渗透页岩储层增产改造新思路探讨

范克明[1,2,3]，邓大伟[1,2,3]，侯堡怀[1,2,3]，李 伟[1,2,3]，于望达[1,2,3]

（1. 大庆油田有限责任公司采油工艺研究院；2. 黑龙江省油气藏增产增注重点实验室；
3. 多资源协同陆相页岩油绿色开采全国重点实验室）

摘 要：随着美国页岩革命轰轰烈烈地开展，页岩油气开发在世界各油田遍地开花。页岩油超低孔超低渗，常规直井难以形成工业产能，多采用超长水平井大规模体积压裂改造技术。由于古龙页岩储层黏土矿物含量高、渗透率极低，因此在储层改造参数方面与常规储层存在较大差异。针对页岩油纳米孔喉条件，评价了页岩油压裂液与岩石配伍性、储层滤失特性及压后返排情况，分析了压裂液在裂缝内的赋存状态、支撑剂沉降规律及放喷时裂缝内流体流动形态，提出了压裂液优选方向和支撑剂加注程序，为页岩油人工裂缝设计提供新的思路。

关键词：纳米孔喉；压裂液滤失；分散率；砂比；支撑剂粒径；驱替压力

大庆古龙页岩油石油资源量为 151×10^8t，轻质油带核心区提交预测储量为 12.68×10^8t，具有巨大的勘探开发潜力。古龙页岩油储层以页岩为主，黏土矿物含量高达 35%～45%，孔径小于 30nm，喉道为 4～7nm，导致储层的渗透率极低。水平方向渗透率主要由页理缝提供，介于 0.01～0.50mD；垂直方向渗透率由页理缝和基质共同提供，介于 0.001～0.050mD。水平与垂直方向渗透率差异巨大，证明页理缝主要在水平方向发育，基质渗透率极低[1]。建立在常规砂岩认识基础上的增产改造理论在压裂液滤失、支撑剂沉降、裂缝延展及闭合等方面不能正确描述页岩油压裂的真实工况，因此，需建立在页岩油页理缝发育、基质渗透率极低的物性条件下的压裂改造新技术。

1 压裂后裂缝形态及压裂液赋存状态分析

页岩油压裂施工及压裂后返排过程中出现的与常规储层改造明显差异的现象，如压裂过程中大幅度的压力波动、极高的压裂后返排率、严重的压裂后出砂等现象给页岩油改造带来了极大的困扰，从岩石水敏特性、基质滤失、压裂后返排、裂缝形态等方面开展分析，以认清页岩油与常规砂岩储层压裂改造的差异，指导压裂设计及施工。

1.1 压裂液与岩石配伍性评价

通过开展页岩油储层岩屑在不同类型压裂液破胶液的分散率评价实验，明确储层岩石的水敏特性，确定压裂液与储层岩石作用强弱。

岩屑分散率评价实验方法：

（1）配制压裂液破胶液 500mL。

（2）将岩心粉碎成颗粒，经过筛孔基本尺寸为 0.9mm、1.6mm 的实验筛筛分，取粒径为 0.9～1.6mm（12～20 目）的岩屑在 105℃±1℃下烘 4h 后备用。

（3）称取约 5g（精确至 0.001g）岩屑，记录屑重 G_0，放入 50mL 实验用液体中，在储层温度（72℃）下浸泡 4h。

（4）滤纸烘至恒重后称重，将浸泡后的岩屑用蒸馏水冲至滤纸上，过滤出实验用液体，80℃

第一作者简介：范克明，1982 年生，男，高级工程师，现主要从事油气藏增产改造方面工作。
邮箱：fankeming@ petrochina. com. cn。

烘干 3h 后再升温至 105℃烘干 2h。

（5）将烘干的岩屑过 0.56mm（32 目）的筛子，称得筛后岩屑重 G_1，$G_0-G_1=G_2$（岩屑损失质量）。

（6）按下式计算岩屑分散率 η。

$$\eta=\frac{G_2}{G_0}\times 100\% \tag{1}$$

式中　η——岩屑分散率，%；

G_2——岩屑损失质量，g；

G_0——岩屑浸泡前质量，g。

测定 3 个平行样，取平均值为检测结果，数据有效位数与所依据的产品技术标准规定的数值有效位数相同[2]。

针对页岩油某 1 井岩屑开展分散率评价实验，分别采用清水、瓜尔胶压裂液、变黏滑溜水和常规滑溜水进行评价，各种压裂液中均未添加防膨剂。分析实验结果可知，页岩油储层岩石分散率低，清水的平均分散率为 2.179%，未添加防膨剂的压裂液分散率均小于 2%，如表 1 所示。表明储层水敏性弱，压裂液进入储层后与岩石反应泥化堵塞裂缝的风险低，不易出现因岩石黏土矿物膨胀导致裂缝堵塞而影响返排率及产油效果的问题，这在页岩油储层返排率整体偏高的现象中也得到了验证。

表 1　某 1 井岩屑分散率评价实验结果表

样品	G_0 (g)	G_1 (g)	分散率 η (%)	平均分散率 η (%)
清水	5.000	4.888	2.240	2.179
	5.002	4.892	2.199	
	5.003	4.898	2.099	
瓜尔胶压裂液	5.008	4.919	1.777	1.705
	5.002	4.921	1.619	
	5.004	4.918	1.719	
变黏滑溜水	5.005	4.92	1.698	1.645
	5.003	4.919	1.679	
	5.006	4.928	1.558	
常规滑溜水	5.003	4.926	1.539	1.626
	5.001	4.915	1.720	
	5.002	4.921	1.619	

1.2 压裂液在基质中的滤失分析

根据达西定律，滤失液量与渗透率正相关，渗透率是滤失速率的主要影响因素。页岩油的基质渗透率趋近于零，导致压裂液在裂缝基质剖面上难以滤失或滤失速率小，滤失时间长，可能需要以年为计量单位。

为了探究压裂液在储层中的实际滤失情况，设计采用页岩岩心的保压驱替实验评价压裂液在页岩储层中的滤失状态，实验方法如下：

（1）采用线切割方式制备 25mm×50mm（直径×长度）的天然页岩岩心。

（2）驱替介质分别采用煤油和质量分数为 1% 的氯化钾，可有效抑制岩心黏土膨胀，降低水敏对岩心渗透率的影响。

（3）考虑实际缝内净压力远低于 10MPa，设定最高驱替压力为 10MPa，采用恒定压力保压驱替，驱替过程保持围压高于驱替压力 2MPa。

（4）实验以出口端见液，或以驱替压力为 10MPa 恒定 10d 未见液为结束节点，见液后取出岩心观察岩心完整性。

实验结果如表 2 所示，保压 10MPa、驱替 10d 后出口端未见出液，在 10MPa 驱替压力下 10d 渗流距离小于 50mm。实验结果证明，流体在基质中渗流难度大，渗流速度慢。

表 2　页岩油岩心保压驱替实验结果表

样品	驱替介质	实验现象
1 号	煤油	出口端未见液
2 号	煤油	出口端未见液
3 号	1%氯化钾	出口端未见液
4 号	1%氯化钾	出口端未见液

注：驱替压力为 10MPa，恒压时间为 10d。

由于页岩油岩心基质物性极差，渗透率趋近于零，压裂液的基质滤失量低，以天为单位滤失时间短，因此，裂缝内的压裂液难以在短时间内滤失进地层基质。

1.3 页岩油压裂后返排分析

古龙页岩油某试验区试油生产结果如表 3 所示，12 口井入井液量为 34164～56422m^3，平均入井液量为48158m³；平均见油后生产时间为455d；返排率为54.51%～116.92%，平均返排率高达78.04%，与常规储层相比明显偏高；平均套压为3.41MPa；平均日产液量为15.24m³。

表3　古龙页岩油某试验区试油生产结果表

井号	入井液量（m³）	日产液量（m³）	见油后生产时间（d）	套压（MPa）	返排率（%）
1	42659	0	356	7.50	84.77
2	56422	21.35	496	1.60	74.11
3	46743	15.21	410	1.60	54.51
4	34164	18.05	488	1.70	92.47
5	54466	0	432	10.10	62.89
6	55655	10.86	433	2.50	55.84
7	45421	4.06	451	1.52	65.31
8	50623	12.04	472	1.02	69.70
9	39801	0	481	5.00	100.61
10	54520	10.57	500	1.43	76.81
11	48375	60.21	491	2.15	116.92
12	49050	30.52	448	4.81	82.58
平均	48158	15.24	455	3.41	78.04

注：数据统计日期为2023年4月20日。

由于页岩油地层不产水，因此，返排液均为改造注入的压裂液。压裂液进入地层产生吸附，部分进入微支缝、页理缝转变为不可动流体[3]，压裂后返排率达到78.04%，远高于致密油及常规储层。2023年4月20日仍有15.24m³/d的产液量，理论计算700d后返排率可达100%，证明压裂液未大量滤失进入岩石基质，而主要赋存于裂缝中，导致人工裂缝一直处于开启状态。

1.4 主裂缝内支撑剂铺置状态分析

在采用动态悬砂模拟装置评价压裂液动态悬砂能力实验中，观察到停泵时支撑剂在裂缝中缓慢沉降，沉降速率与压裂液实验后残余黏度呈反相关，残余黏度越大，停泵后支撑剂沉降时间越长。根据现场实际施工中压裂液稠化剂质量分数与支撑剂粒径匹配关系开展了11组实验，实验结果表明，停泵后支撑剂完全沉降时间小于30min，尤其是20/40目大粒径支撑剂沉降时间小于4min，远低于裂缝闭合所需时间，如表4和图1所示。

表4　不同质量分数稠化剂动态悬砂实验后支撑剂沉降时间统计表

石英砂粒径（目）	0.3%稠化剂		0.4%稠化剂		0.5%稠化剂		0.6%稠化剂	
	黏度（mPa·s）	沉降时间（min）	黏度（mPa·s）	沉降时间（min）	黏度（mPa·s）	沉降时间（min）	黏度（mPa·s）	沉降时间（min）
70/140	18.9	3.5	29.5	27.5				
40/70	18.5	1.6	28.6	3.7	34.8	12.5		
30/50			28.3	2.2	34.2	3.9	41.9	13.4
20/40			27.6	0.5	33.9	1.3	41.4	3.1

图 1　动态悬砂实验停泵后支撑剂在裂缝内沉降状态图

实验中稠化剂质量分数为 0.5%，支撑剂为 20/40 目大粒径石英砂

由于实验过程中未添加破胶剂，且实验温度为室温，压裂液黏度损失较小，因此，支撑剂沉降速率较实际施工情况小。实际井况条件下支撑剂沉降速率更快，沉降时间更短，支撑剂将在裂缝闭合前全部沉至裂缝底部，如图 2 所示。

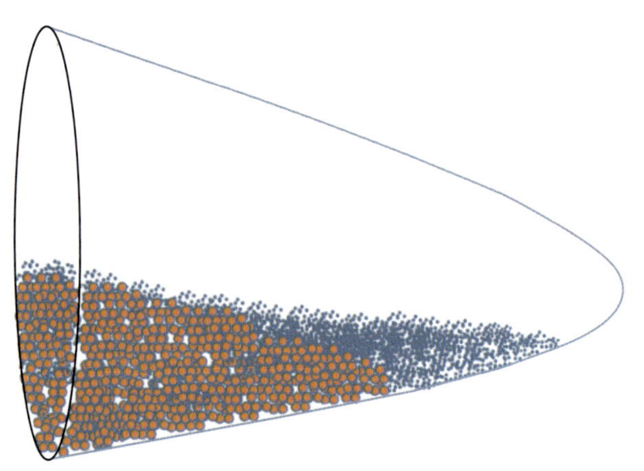

图 2　人工裂缝支撑剂铺置形态侧视示意图

综上所述，人工裂缝主缝内支撑剂沉降于裂缝底部，根据砂液比不同，占据整体裂缝比例6%~10%，大粒径支撑剂沉降在偏底部区域，小粒径支撑剂由于沉降速度缓慢而多沉降于偏上部，裂缝上部无支撑剂铺置，形成纯液区。与支撑剂铺置区域相比，纯液区渗流阻力低，初期返排流体主要由此区域通过，并带动支撑剂上层的小粒径石英砂进入井筒形成出砂现象，目前大部分压裂井均存在出砂现象也验证了这一观点。

1.5 微支裂缝内支撑剂铺置形态分析

压裂液在狭窄的裂缝中流动可通过计算等效的裂缝水力半径的方法导出，公式为：

$$r_{hyd} = \omega / 2 \tag{2}$$

式中　r_{hyd}——裂缝水力半径，mm；

ω——平均裂缝宽度，mm。

结合 Gruesbeck 与 Collins 的数据导出了允许支撑剂进入裂缝的准则[4]：

由于页岩油页理缝发育，导致施工中微支裂缝大量开启，降低了压裂效率，提升了裂缝复杂程度。为了提升压裂后效果，施工中通过采用滑溜水等低黏压裂液扩展页理缝等微支裂缝，并加入 70/140 目小粒径的石英砂对其进行支撑[5]，以求保持导流能力。根据支撑剂进入裂缝的准则进行计算，保证 5%砂比条件下 70/140 目石英砂顺利进入微支裂缝，要求其宽度 ω>0.274mm。

按照上述理论分析，随着小粒径石英砂的加入及砂比逐步提高，支撑剂逐步在细小的微支缝口桥塞封堵，导致微支缝失去吸液能力。在施工过程中，压力出现明显的先上升后下降现象，主要是由于微支缝封堵导致压裂液流通通道减少而憋高压力，封堵后主峰内净压力提高导致裂缝变宽，从而导致施工压力降低。

古页 X 井第 6 层施工曲线如图 3 所示。由分析可知，前面 3 个粉砂段塞（支撑剂为 70/140 目石英砂）经过炮眼进入地层后，压力均出现明显的上升；第一段和第二段粉砂经过炮眼后压力由 74.0MPa 上升至 78.2MPa，第三段粉砂经过炮眼后压力由 73.2MPa 上升至 78.8MPa，压力分别上升了 4.2MPa 和 5.6MPa。属于典型的微支缝封堵，导致压裂液通道减少而憋高压力，封堵后主缝内净压力提高导致裂缝变宽而压力下降；施工后期主加砂阶段，由于主裂缝顺利延展，导致施工压力缓慢下降。

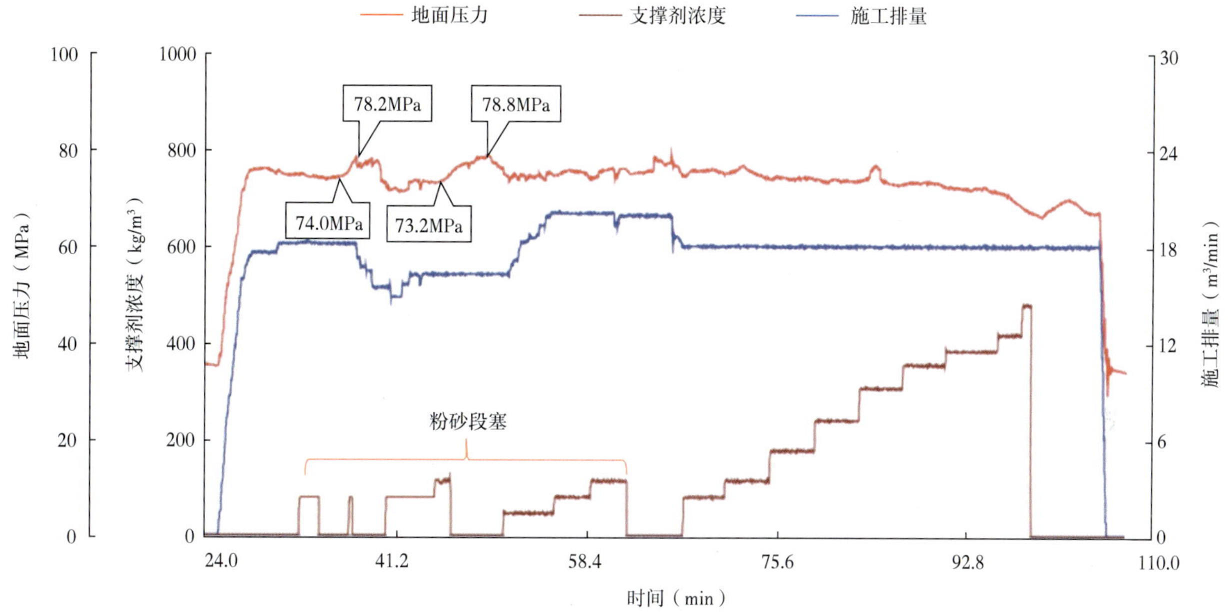

图 3　古页 X 井第 6 层施工曲线图

因此，部分页理缝、天然微缝在压裂初期大量开启，形成压裂液渗流通道，随着粉砂加入部分微支裂缝被封堵，导致渗流通道减少而憋高缝内净压力，保障主缝有效延展，最终形成粉砂封堵在微缝缝口。粉砂及小粒径支撑剂填充大的支缝；小粒径及大粒径支撑剂主要铺置于主缝中的裂缝内，微缝及小的支缝内支撑较差，支撑剂铺置形态如图 4 所示。

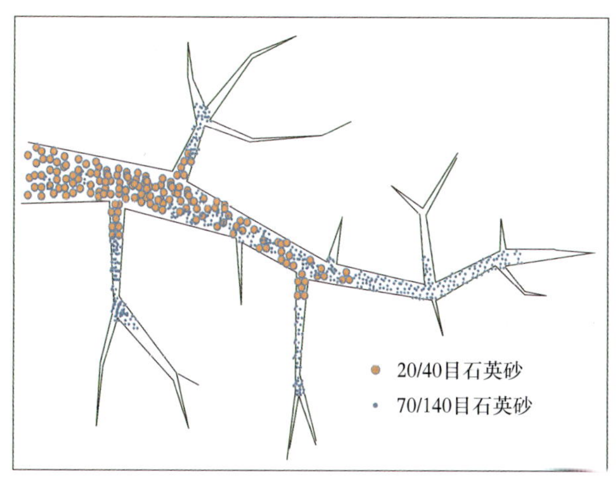

图 4　人工裂缝支撑剂铺置形态俯视图

综上所述：

（1）页岩油基质水敏程度低，且渗透率极低，甚至趋近于零，导致压裂液在储层基质中滤失极慢，裂缝长时间处于开启状态，压裂液主要赋存在人工裂缝、页理缝及天然微缝中，这是返排率极高的物质基础。

（2）停泵后支撑剂在裂缝中快速沉降，主要铺置于裂缝底部，在裂缝内形成了“上液下砂”的形态，支撑剂铺置区域成为相对低导流能力区，导致压裂后返排初期地下流体主要通过上部纯液区域流出，支撑剂主要在生产后期保障裂缝不完全闭合。

（3）70/140 目等粉砂的大量加入可有效封堵页理缝、天然微缝等微支裂缝，提高缝内净压力，保障主裂缝的顺利延展，有助于裂缝高度和长度延伸，但影响裂缝横向延伸，与追求形成微支裂缝支撑思路相悖。

2 页岩油设计新理念探讨

按照上述压裂液基质滤失和裂缝内支撑剂铺置形态分析，设定如下条件：

（1）基质渗透性极差，绝大部分压裂液等入井流体赋存在人工裂缝、页理缝及天然微缝中。

（2）人工裂缝保持开启，呈现“上液下砂”形态，初期返排主要通道为上部纯液区，部分微支裂缝被粉砂封堵而延伸较短。

2.1 压裂液优化

根据对基质渗透率的分析可知，压裂液等外来流体与基质内地层流体发生自发渗吸置换、压差驱替等反应的难度极大[6-7]，在短时间内难以影响产能；储存在页理缝及天然微缝中的原油在100℃以上的高温下极易从岩石壁面剥离，热水的洗油能力甚至高于加了表面活性剂的低温水。采用渗吸瓶评价压裂液对页岩油岩心渗吸洗油能力时，实验数据极不平行，难以得出不同渗吸剂间趋势性的规律，在一定程度上说明渗吸剂不是影响渗吸实验的最主要因素。温度的影响远大于渗吸剂的影响程度。因此，额外添加渗吸剂对缝内的原油剥离产出影响较小。综合考虑改造成本，不建议额外添加渗吸剂提升压裂液渗吸驱油能力。但为满足压裂后返排需要，压裂液中均添加可降低表面张力、界面张力的助排剂，行业技术标准要求表面张力不大于 32mN/m，界面张力不大于 3mN/m，可有效降低油水间界面张力，也利于将原油从岩石表面剥离。

2.2 支撑剂和加砂程序选择

根据裂缝内流体的充盈程度，页岩油压裂后返排可分为 3 个阶段：

（1）返排初期，裂缝内压裂液及地层流体充盈，裂缝上部纯液区为主要流动通道，支撑剂铺置区不参与或较少参与渗流。

（2）返排中期，裂缝内压裂液及地层流体供给不足，闭合压力开始作用于支撑剂，支撑剂铺置区开始参与渗流。

（3）返排后期，地层流体供应不足，人工裂缝未支撑区域基本闭合，闭合压力大部分作用在支撑剂上，支撑剂铺置区域成为渗流主要通道。

返排初期和中期，由于主要渗流通道为裂缝上部的非支撑区域，支撑剂铺置区域的导流能力对压裂后产能影响较小，因此，支撑剂的类型、粒径大小、砂比高低对初期产能影响小，支撑剂的主要作用是保障裂缝不因局部流体快速产出而完全闭合，尤其是近井筒的裂缝，形成所谓的“包饺子”缝。

返排后期，闭合压力大部分作用在支撑剂上，支撑剂铺置区域成为渗流主要通道，因此，支撑剂导流能力对产能影响巨大，近井筒裂缝的有效支撑是后期稳产的关键。古龙页岩油压力系数高，压裂后关井 1 个月套管压力 26MPa 以上；井深2400m 左右，井底压力约为 50MPa。石英砂有效支撑的闭合压力 25MPa 以下，当闭合压力高于25MPa，石英砂破碎严重，导流能力急剧下降。分析石英砂短期导流能力实验数据可知，20/40 目石英砂在闭合压力 50MPa 时导流能力仅为闭合压力20MPa 下的 5.8%，导流能力损失 94.2%，如图 5 所示，难以对裂缝形成有效支撑。

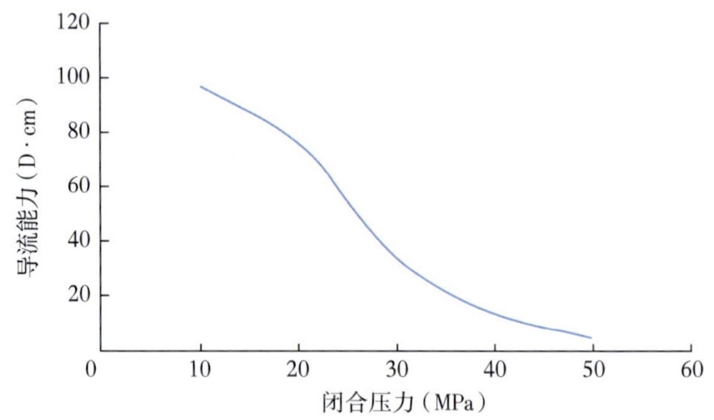

图 5　石英砂短期导流能力测定实验数据曲线图

综上所述，支撑剂主要承担保障裂缝不完全闭合，并在中后期为地层流体提供导流通道的任务，因此，支撑剂铺置区域的理想状态为段塞加砂“堆状”支撑，近井大粒径高强度支撑剂形成高导流区保障裂缝长期有效。为达到支撑剂铺置目的，应采用高砂比段塞加入方式保障“堆状”支撑的宽度，施工后期加入 20/40 目的大粒径陶粒保障缝口有效支撑。

3 结　论

（1）压裂后压裂液主要赋存于裂缝中，支撑剂受重力作用沉降于裂缝底部，形成“上液下砂”的裂缝形态。

（2）支撑剂在求产初期对产能贡献小，在求产后期，裂缝由于地层供液不足而闭合，对产能贡献大。

（3）页岩储层基质物性差，渗吸发生难度大、速度慢，额外添加渗吸剂提升压裂液渗吸驱油能力对产能贡献微弱。

（4）施工工序采用高砂比段塞加入方式保障“堆状”支撑的宽度可提高裂缝导流能力。

参考文献

[1] 唐鹏飞，王世禄，李伟，等．古龙页岩油复合压裂参数优化及应用［G］∥大庆油田有限责任公司采油工程研究院．采油工程 2023 年第 3 辑．北京：石油工业出版社，2023：29-35.

[2] 范克明．复合高效压裂液技术研究［G］∥大庆油田有限责任公司采油工程研究院．采油工程文集 2016 年第 2 辑．北京：石油工业出版社，2016：23-26.

[3] 林伯韬，郭建成，金衍，等．页岩气井压裂返排的模拟系统以及模拟方法［P］．中国专利：CN111720101B，2021.

[4] 米卡尔 J. 埃克诺米德斯，肯尼斯 G. 诺尔特．油藏增产措施［M］. 张保平，等译．北京：石油工业出版社，2002：157-158.

[5] 江铭，李志强，段贵府，等．水力裂缝导流能力对深层页岩气产能的影响规律［J］. 新疆石油天然气，2023，19（1）：35-41.

[6] 张垒垒，王克亮，安会明，等．渗吸效果与渗透率的内在联系［C］∥2022 油气田勘探与开发国际会议论文集Ⅲ，2022：921- 931.

[7] 尚宏志，范克明，王尚飞，等. 新型全液态变黏滑溜水压裂液性能评价及现场应用［G］∥大庆油田有限责任公司采油工艺研究院. 采油工程 2024 第 1 辑. 北京：石油工业出版社，2024：12-15.

致密火山岩储层难压原因分析及对策
——以 X 气田为例

王一群[1]，郎　爽[2]，孙翰文[1]，郭光辉[1]，贾国超[1]

（1. 大庆油田有限责任公司采气分公司；2. 大庆油田有限责任公司第三采油厂）

摘　要：针对 X 气田致密储层改造困难问题，通过建立数学模型，计算并分析了储层在压裂改造过程中的起裂压力及裂缝宽度。研究发现，储层岩石起裂压力受射孔参数与井眼轨迹影响较大，极差可达 36.34MPa；而储层裂缝宽度则受排量、液量、岩石性质等影响较大，多种因素的共同作用导致了储层改造困难。根据分析结果，采用优化射孔位置及井眼轨迹、增加承压能力、提高前置液比例等技术对策，提升压裂设计符合率、提高压裂施工压力、增加人工裂缝长度和宽度，使 X 气田致密储层平均压裂成功率提升了 11 个百分点，有效指导了目标气田的高效开发。

关键词：气井；压裂；裂缝宽度；起裂压力；火山岩

松辽盆地北部预测天然气总资源量为 1.5312×$10^{12}$$m^3$[1]，开发潜力巨大。其中 X 气田作为其主力开发对象，开发初期，主体开发对象为物性较好、天然裂缝较发育的酸性火山岩。针对此类储层，应用裸眼分段压裂工艺取得了较好的开发效果。伴随开发时间增长，开发对象逐步转变为物性条件较差、天然裂缝欠发育及不发育的致密火山岩和致密砂砾岩。此类储层在开发过程中时常出现储层改造难度大的问题，引发改造效果差、储层有效动用程度低等问题，严重制约了气井产能的有效发挥[2]。因此，亟需厘清储层改造困难原因，形成配套技术对策，为气田有效开发提供有力支撑。

1 研究概况

针对致密火山岩及致密砂砾岩天然裂缝发育程度低，且多为闭合微裂缝级别天然裂缝，与酸性岩相比缝控程度低的特征，采用固井完井方式，应用电缆桥塞射孔联作压裂工艺，依靠累加多个小缝控体积、造长缝，积少成多实现高产稳产的目标。

通过现场试验，此方式取得了一定的开发效果，但现场施工过程中，仍然存在较多的问题。经统计，主要表现为压不开、不具备加砂条件以及无法完成设计 3 类问题，施工过程描述见表 1。

表 1　复杂情况施工描述表

序号	类型	井号	段次	复杂情况描述
1	压不开	AH-P3	11	主压裂施工，0.65m^3/min 排量开展压裂前预挤压试验 4 次，均超压停车，终止压裂作业
2	不具备加砂条件	B12-H4	5	以 1.76m^3/min 排量，泵送可溶桥塞，追球，最终压力为 69.42MPa。变排量预挤压试验 10 次，压力和排量没有明显变化，停车。采用 3mm 喷嘴控制放喷至压力为 21.88MPa 后重新预挤压试验，排量为 1.94~1.32m^3/min，压力为 72.2~67.13 MPa，排量低、压力高，无法安全加砂，终止压裂作业
3	无法完成设计	B14-H1	12	最高施工压力为 70MPa，试砂比为 10%，砂子进地层后压力上涨过快，停砂替挤。替挤完成后压力涨至 72MPa 后降至 67MPa 稳住；再次加砂，砂比为 7%，砂子进地层后压力上涨过快，放弃加砂

第一作者简介：王一群，1986 年生，男，工程师，现主要从事钻井投资管理、规划设计和价格管理等工作。

邮箱：wangyiqun@ petrochina. com. cn。

2 模型建立及原因分析

基于地球物理测井基本原理与岩石力学基本理论方法，通过测井数据计算得到了单口气井沿井身的岩石力学参数剖面及地应力分布，而后通过岩心实验结果对计算结果进行了参数校正。最终得出，气田弹性模量在 43.7～68.9GPa 之间，泊松比在 0.22～0.25 之间，水平最小主应力在 51.89～63.92MPa 之间，水平最大主应力在 60.86～74.28 MPa 之间，上覆地应力在 68.51～82.20MPa 之间，属于致密储层。

2.1 破裂压力计算

2.1.1 破裂压力数学建模

地层破裂压力与岩石弹性性质、孔隙压力、天然裂缝发育情况以及该地区的地应力等因素有关。当岩石所受压力达到起裂压力时，岩石开始形成裂缝；随着压力继续增加，裂缝逐渐扩展，直到达到破裂压力，此时裂缝完全形成，或原有裂缝充分张开。因此，确定岩石破裂压力对于指导现场压裂施工具有重要意义。

基于弹性力学基本原理，考虑井筒—射孔相互影响，以岩石的张性破裂准则为临界条件，并做如下假设：

（1）岩石为均质，各项同性多孔弹性介质。

（2）岩石内部含有的微裂纹不影响其线性状态。

（3）不考虑岩石与压裂液的物理化学作用。

在以上述假设的基础上，建立水平井射孔破裂压裂计算模型[3-8]。建立如图 1 所示坐标系，并假设存在一个水平井筒，且射孔垂直于井筒。

基于弹性力学基本原理可按式（1）将原始地应力变换到射孔自身的坐标系中。

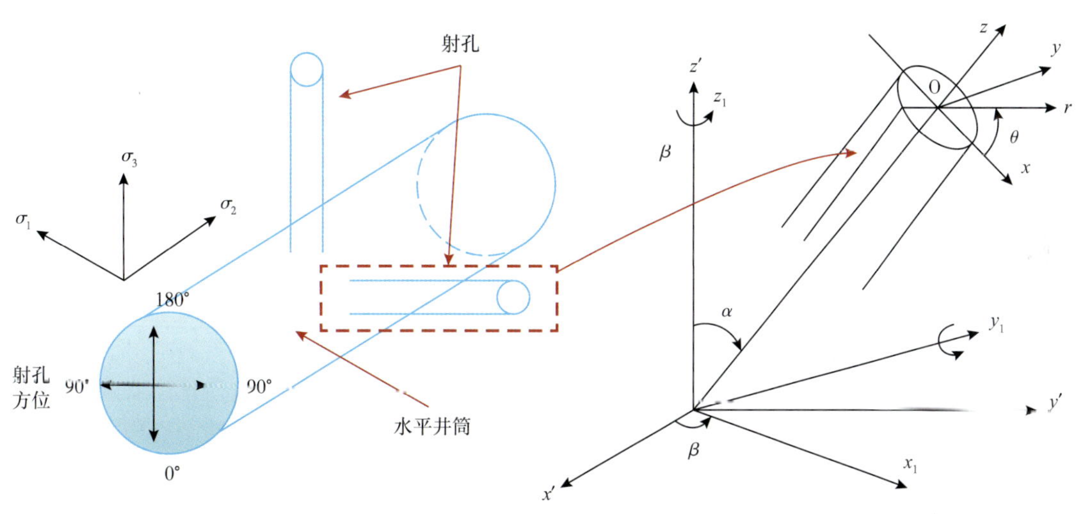

图 1　井筒及射孔模型示意图

σ_1、σ_2、σ_3—原地应力系统的 3 个主应力方向；（x'，y'，z'）—井眼附近 3 个主地应力方向的反方向构成的坐标系；（x_1，y_1，z_1）—井眼上的局部坐标系；（x，y，z）—井眼上的圆柱坐标系；O—（x，y，z）圆柱坐标系的坐标原点；α—射孔与垂直朝上方向的夹角；β—射孔方位与最大水平地应力方位夹角；θ—射孔方位角；

$$\begin{cases}\sigma_{xx}=\sigma_{\mathrm{H}}\cos^2\alpha\cos^2\beta+\sigma_{\mathrm{h}}\cos^2\alpha\cos^2\beta+\sigma_{\mathrm{v}}\sin^2\alpha \\ \sigma_{yy}=\sigma_{\mathrm{H}}\sin^2\beta+\sigma_{\mathrm{h}}\cos^2\beta \\ \sigma_{zz}=\sigma_{\mathrm{H}}\sin^2\alpha\cos^2\beta+\sigma_{\mathrm{h}}\sin^2\alpha\sin^2\beta+\sigma_{\mathrm{v}}\cos^2\alpha \\ \sigma_{xy}=\sigma_{yx}=-\sigma_{\mathrm{H}}\cos\alpha\cos\beta\sin\beta+\sigma_{\mathrm{h}}\sin\alpha\cos\beta\sin\beta \\ \sigma_{yz}=\sigma_{zx}=-\sigma_{\mathrm{H}}\cos\alpha\cos\beta\cos^2\beta+\sigma_{\mathrm{h}}\cos\alpha\sin\alpha\sin\beta \\ \sigma_{yz}=\sigma_{zy}=-\sigma_{\mathrm{H}}\sin\alpha\cos\beta\sin\beta+\sigma_{\mathrm{h}}\sin\alpha\cos\beta\sin\beta\end{cases} \quad (1)$$

式中　σ_{H}——最大水平主应力，MPa；

σ_{h}——最小水平主应力，MPa；

σ_{v}——上覆岩石应力，MPa；

σ_{xx}、σ_{yy}、σ_{zz}——某一点在（x_1，y_1，z_1）的正应力分量，MPa；

σ_{xy}、σ_{yz}、σ_{xz}——某一点在（x_1，y_1，z_1）的剪应力分量，MPa。

采用无限大介质中孔眼周围应力分布的平面弹性力学理论，结合式（1）可得到如图2所示的孔眼壁面上任意一点处的各应力分量，如式（2）所示。由此根据主应力公式可以得到射孔壁面上任意一点处的最小应力分量。

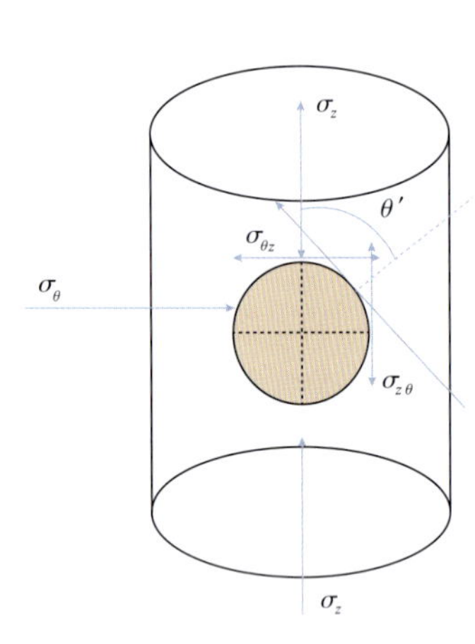

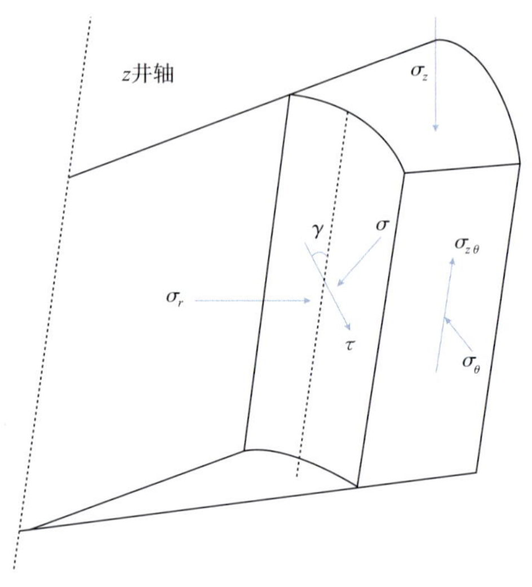

图2 射孔壁面应力分量示意图

σ—射孔壁面上某一点的综合正应力；τ—射孔壁面上某一点的综合剪应力；σ_r、σ_θ、σ_z—圆柱坐标系（x，y，z）中的正应力分量；$\sigma_{z\theta}$、$\sigma_{\theta z}$—圆柱坐标系（x，y，z）中的剪应力分量，在射孔孔眼周围表现为轴向应力；θ'—孔眼井壁周向应力的法向量方向与垂直方位夹角；γ—裂缝起裂角

同时考虑井筒内压及压裂液渗滤效应引起的应力，得到射孔完井井筒周围应力分布，见式（2）。

$$\begin{cases}\sigma_r=p_i-\delta\phi(p_i-p_p)\\ \sigma_\theta=-2p_i(1+\cos2\theta')+(\sigma_{xx}+\sigma_{yy}+\sigma_z)\\ \quad+2(\sigma_{xx}+\sigma_{yy}-\sigma_z)\cos2\theta'\\ \quad-2(\sigma_{xx}-\sigma_{yy})\cos2\theta(1+\cos2\theta')-4\sigma_z\sin2\theta'\\ \quad-2\delta\left[\dfrac{\alpha_{biot}(1-2\nu)}{1-\nu}-\phi\right](p_i-p_p)(1+\cos2\theta')\\ \sigma_z=cp_i+\sigma_{zz}-\nu[2(\sigma_{xx}-\sigma_{yy})\cos2\theta]\\ \quad-\delta\left[\dfrac{\alpha_{biot}(1-2\nu)}{1-\nu}-\phi\right](p_i-p_p)\\ \sigma_{\theta z}=2\sigma_{yz}\cos\theta\end{cases} \tag{2}$$

式中 σ_r、σ_θ、σ_z——圆柱坐标系（x，y，z）中的正应力分量，MPa；

p_i——井眼液柱压力，MPa；

δ——渗透性系数，地层可渗透时取1，不可渗透时取0；

ϕ——射孔方位角，（°）；

p_p——孔隙压力，MPa；

θ'——孔眼井壁周向应力的法向量方向与垂直方位夹角，（°）；

α_{biot}——Biot多孔弹性系数；

ν——泊松比；

c——修正系数，$0.9<c<1$；

$\sigma_{z\theta}$、$\sigma_{\theta z}$——圆柱坐标系（x，y，z）中的剪应力分量，在射孔孔眼周围表现为轴向应力，MPa。

变化射孔内的压力 p_i，计算射孔壁面上所有点的最小应力分量后，按如下公式基于岩石拉伸破裂准则判断是否破裂：

$$\sigma_n=\frac{1}{2}\left[(\sigma_z+\sigma_{\theta'})-\sqrt{(\sigma_z+\sigma_{\theta'})2+4\sigma_{\theta z}}\right] \tag{3}$$

$$F=S_t+\sigma_n \tag{4}$$

式中 σ_n——岩石单点所受最大应力，MPa；

F——岩石单点受力强度，MPa；

S_t——岩石抗拉强度，MPa。

若射孔内压力升高使得射孔壁面上某点处的 $F<0$，则岩石破裂。

通过上述方式，对于给定的射孔方位角以及

井眼轨迹与最大水平主应力夹角，可以迭代求解出不同井筒方位、不同射孔角度下的压力值。

2.1.2 实例计算

选取气井 B3-P3 作为算例，基础参数取值如表 2 所示，计算结果如图 3 所示，可以得到不同井眼轨迹及射孔方向下的破裂压力。该井中破裂压力最小值在（90,90,90.75），即理想条件下（井眼轨迹沿最小主应力方向，水平射孔）破裂压力为 90.75MPa；破裂压力最大值坐标位置为（54, 0,128.1），表明井眼轨迹与最大主应力夹角为 54°、垂直射孔时，破裂压力为 128.1MPa。鉴于 B3-P3 井实际井眼轨迹与 X 气田最大水平主应力夹角在 30°～60°之间，则本井破裂压力在 92.76～128.1MPa 之间。

表 2　B3-P3 井基础参数取值表

垂深（m）	α_{biot}	σ_v（MPa）	σ_H（MPa）
3812.04	0.75	77.17	88.28
σ_h（MPa）	S_t（MPa）	c	ϕ（%）
47.99	10	0.95	2.13
ν	p_p（MPa）	δ	
0.25	38.12	1	

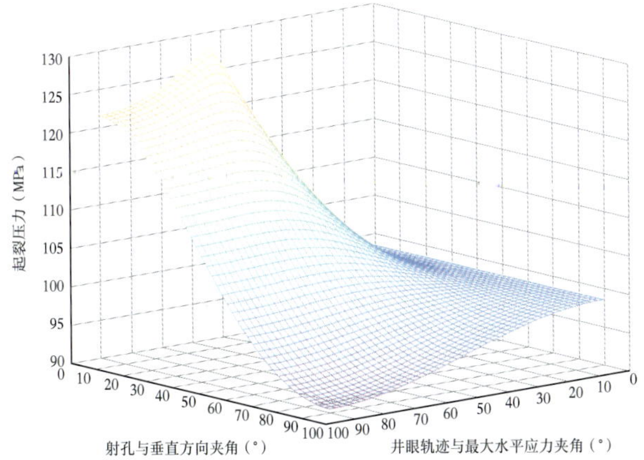

图 3　破裂压力计算结果图

2.1.3　原因分析

储层改造中压不开表现为，地面泵车打压后，施工压力持续上升直至地面车组超压，此时井底压力可由式（5）计算。

$$p_{井底}=p_{地面}+p_{液柱}$$
$$p_{液柱}=\rho_{液} gh \tag{5}$$

式中　$p_{井底}$——井底压力，MPa；

$p_{地面}$——泵车地面压力，MPa；

$p_{液柱}$——井筒内液体压力，MPa；

$\rho_{液}$——井筒内液体密度，kg/m^3；

g——重力加速度，kg/N；

h——压裂位置距地面垂深，m。

B3-P3 井第 4 段超压时，地面限压 70MPa，第 4 段射孔位置垂深为 3802.51～3803.96m，前置液采用滑溜水，通过式（5）可计算得到此时井底压力为 110.26MPa，结合图 3 计算结果及前期测井解释结果，认为此时压力低于岩石破裂压力，无法形成裂缝。

2.2 裂缝宽度计算

2.2.1 裂缝几何参数计算模型

本文采用二维的 PKN 和 KGD 模型进行裂缝宽度的机理计算[9-13]。

PKN 模型：

$$\omega_{max}(x)=\frac{2(1-\nu^2)H\Delta p_f(x)}{E} \tag{6}$$
$$\Delta p_f(x)=p_f(x)-p_c$$

式中　$\omega_{max}(x)$——裂缝内 x 点的最大缝宽，m；

H——裂缝高度，m；

$\Delta p_f(x)$——裂缝内 x 点的净压力，Pa；

E——岩石弹性模量，Pa；

$p_f(x)$——裂缝内 x 点的压力，Pa；

p_c——裂缝闭合压力，Pa。

KGD 模型：

$$\omega_{max}=\left[\frac{84(1-\upsilon)}{\pi}\left(\frac{1}{60}\right)\frac{\mu QL^2\bar{p}}{GHp_w}\right]^{\frac{1}{4}}$$
$$L=\frac{Q}{32\pi HC^2}(\pi\omega_{max}+8S_p)\left[\frac{2\alpha_L}{\sqrt{\pi}}-1+e^{\alpha_L}\mathrm{erfc}(\alpha_L)\right] \tag{7}$$

其中：

$$\alpha_L=\frac{8C\sqrt{\pi t}}{\pi\omega_{max}+8S_p}$$

式中　ω_{max}——井底最大缝宽，m；

μ——裂缝内压裂液黏度，Pa · s；

Q——排量，m^3/min；

L——单翼缝长，m；

$\bar{p}$——裂缝内平均压力，Pa；

G——岩石剪切模量，Pa；

p_w——井底压力，Pa；

C——综合滤失系数，$m/\sqrt{min}$；

S_p——初滤失系数，$m/\sqrt{min}$；

erfc（α_L）——α_L 误差补偿函数，用于提升计算准确性。

2.2.2 算例计算

采用 B14-H2 井数据（表 3）应用计算上述模型，计算结果见图 4。通过计算结果可知，PKN 模型计算的缝宽在前 20min 快速上升至 0.2cm，而后的 125min 裂缝宽度加大了 0.2cm，最终达到 0.38cm；GDK 模型则是前 40min 裂缝宽度快速上升到了 0.5cm，而后的 105min 裂缝宽度加大了 0.4cm，最终裂缝宽度上升到了 0.9cm。

表 3 B14-H2 井基础参数取值表

Q（m^3）	C（$m/\sqrt{min}$）	ν	H（m）
2	2	0.23	20
E（GPa）	S_p（$m/\sqrt{min}$）	G（GPa）	M（mPa · s）
64.7	0.7	15	8

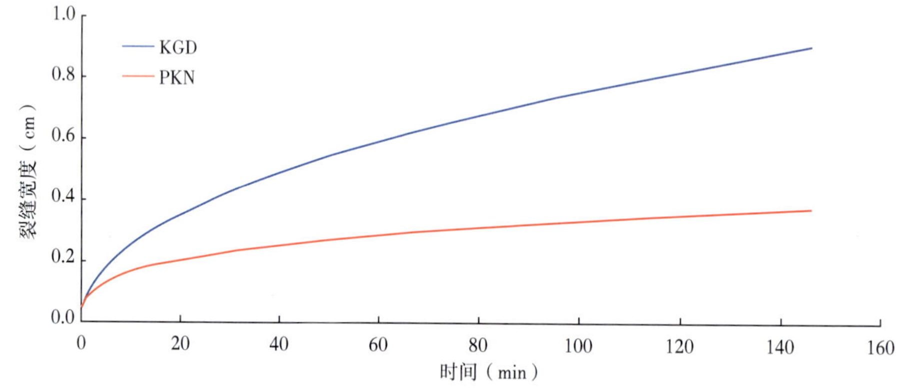

图 4 PKN 和 KGD 模型缝宽随时间变化计算结果图

2.2.3 原因分析

通过上述计算可以发现，在两种二维计算模型下，受岩石力学性质等影响，裂缝宽度较小，即便是计算结果较大的 KGD 模型结果也小于 1cm，这将导致即便是低砂比加入最小粒径的支撑剂，也会引起施工压力快速上升，增加施工风险及难度。

压裂施工过程中，人工裂缝延伸方向宏观上总是垂直于最小主应力方向（平行于最大主应力方向）。若储层非均质性强，局部应力复杂，射孔时可能发生部分裂缝起裂后，在延伸过程中转向并逐渐与最大主应力方向重合，此时受缝宽小的影响，将导致无法加砂。

3 技术对策及应用效果

3.1 优化射孔位置及井眼轨迹

通过破裂压力计算结果可知，射孔参数与井眼轨迹共同影响着岩石的起裂情况。对于单井而言，钻井目的是钻遇更好的储层，获得更好的产量，地质条件相对而言是不可控的，为此可以在地质评价结果的基础上，结合工程甜点，从而达到更好的改造效果。

现场在 D23-H1 井取得了较好的效果，该井井眼轨迹方向与最大水平主应力方向呈 80°夹角，以方位角 60°螺旋射孔，可在地面限压允许的范围内达到各压裂段岩石的破裂压力，并使裂缝顺利延展，全井压裂工艺成功率为 100%。同时该井加砂符合率达到 97.5%，创 X 气田致密储层压裂改造新高。

3.2 增加承压能力

结合裂缝几何计算模型可以发现，提升排量可以有效地提升缝内净压力，进而提升裂缝宽度。但是排量提升伴随而来的是施工压力的提升，为保证井筒完整性，需要对应提升套管的承压能力，包含套管的钢级、壁厚等。

通过将套管壁厚从 9.17mm 提升至 10.54mm，B6-H1 井取得了较好的效果，施工最高限压 85MPa，实现了前 4 段难压井段的有效改造。

3.3 提高前置液比例

通过矿场实际施工结果，裂缝长度与压裂液量具有较好正相关关系。压裂液中前置液主要用于提高裂缝长度，而结合裂缝几何计算模型可以发现，裂缝宽度与延伸长度具有数学关系。为此，通过提升前置液比例，造长缝，提升缝宽。现场应用此项对策，设计时将前置液比例从 26% 提升至 31.6%，提高压裂液缝内流动效率，使裂缝得以充分延伸，在 B6-H1 井、B12-H1 井、D23-H1 井等井上取得了较好的效果。

通过综合应用各项技术措施，X 气田致密储层平均压裂成功率由 80.22% 提升至 91.67%，为气田的高效开发作出了有力支撑。

4 结　论

（1）形成了目标区块起裂压力计算分析方法，计算了不同角度下地层的起裂压力，可为压裂施工设计提供指导。

（2）通过机理分析，明确了目标区块致密储层改造困难受起裂压力高、裂缝宽度窄、裂缝转向扭曲等因素共同影响。

（3）形成了射孔优化、增加承压能力、提高前置液比例等技术措施。现场应用 3 口井，取得了较好的效果，有效缓解了目标区块储层改造困难的现状。

（4）下一步开展致密储层压裂效果研究，在压裂顺利施工的基础上，提升改造效果，实现气田高效率、高效益开发。

参考文献

[1] 邵锐. 徐深气田火山岩气藏开发方案评价与优选［D］. 大庆：东北石油大学，2011.

[2] 孙翰文，李东刚，郭光辉，等．A 气田固井水平井井筒压裂安全性分析［G］//大庆油田有限责任公司采油工程研究院．采油工程 2023 年第 2 辑．北京：石油工业出版社，2023：76-84.

[3] 付育武，马飞，杨逸，等．如何解决川东北地区异常高应力储层难压开的难题［J］. 钻采工艺，2011，34（6）：45-46.

[4] 费璇. 昌德区块致密砂砾岩储层高效压裂开采技术研究与应用［G］//大庆油田有限责任公司采油工程研究院．采油工程 2021 年第 4 辑．北京：石油工业出版社，2021：33-37.

[5] 李根生，刘丽，黄中伟，等．水力射孔对地层破裂压力的影响研究［J］. 中国石油大学学报（自然科学版），2006，30（5）：42-45.

[6] 陶永富，乔梁，张华琴，等．地层破裂压力的影响因素综述［J］. 内蒙古石油化工，2019，45（1）：49-51.

[7] 黄禹忠．降低压裂井底地层破裂压力的措施［J］. 断块油气田，2005，12（1）：74-76.

[8] 胡永全，赵金洲，曾庆坤，等．计算射孔井水力压裂破裂压力的有限元方法［J］. 天然气工业，2003，23（2）：58-59.

[9] 蒋廷学，汪永利，丁云宏，等．由地面压裂施工压力资料反求储层岩石力学参数［J］. 岩石力学与工程学报，2004，23（14）：2424 2429.

[10] 徐峰阳．KGD、PKN 和修改的 P3D 水力压裂设计模型的计算与对比［J］. 能源与环保，2017，39（9）：220-225.

[11] 徐严波. 水平井水力压裂基础理论研究［D］. 成都：西南石油学院，2004.

[12] 张美玲，张天宇，樊家屹．基于 PKN 模型的压裂裂缝延展参数计算及分析［J］. 科学技术与工程，2019，19（5）：116-123.

[13] 李勇明，纪禄军，郭建春，等. 压裂液滤失的二维数值模拟［J］. 西南石油学院学报，2000，22（2）：43-45.

合川气田特高矿化度气井解堵除垢剂研究与应用

刘国红[1,2,3]

（1. 大庆油田有限责任公司采油工艺研究院；2. 黑龙江省油气藏增产增注重点实验室；3. 多资源协同陆相页岩油绿色开采全国重点实验室）

摘　要：合川气田 D 区块地层水平均矿化度为 25×10^4mg/L，极易形成硫酸盐等难溶物，导致井筒及射孔井眼结垢严重。为解决气流通道堵塞问题，提高气井产能，结合垢物性质确定了螯合除垢剂 AH 分子基团结构设计，采用乙二醛、丙酮、乙二胺、2-氯乙基磺酸钠、双氧水为原料制备得到螯合除垢剂 AH。开展螯合除垢剂 AH 与盐酸、土酸、EDTA、NTA 等对合川气田 D 区块现场垢样溶解性能的对比分析。结果表明：螯合除垢剂 AH 的溶垢率最高，在质量分数 20%、反应时间 8h 时，平均溶垢率为 78.5 %；腐蚀速率最低，为 2.4g/（m^2·h）。应用螯合除垢剂 AH 在合川气田共开展解垢堵现场试验 12 口井，解垢堵后单井平均日增气量为 $1.5\times10^4m^3$，平均油压上升 1.8MPa，成功解决了合川气田 D 区块垢堵问题。

关键词：特高矿化度；气井垢堵；螯合除垢剂 AH；性能评价；增产

合川气田 D 区块属非常规致密砂岩气藏，孔喉直径小于 0.1μm，地层水矿化度高[1-2]，平均矿化度为 25×10^4mg/L。地层水中金属阳离子（Ca^{2+}、Ba^{2+}、Fe^{3+}等）总含量超过 2×10^4mg/L；地层水中存在易成垢阴离子 HCO_3^- 和 SO_4^{2-}，总含量为800～1100mg/L。在气井开采过程中，由于温度和压力不断变化，硫酸钙、硫酸钡等难溶盐逐渐达到饱和，并结晶析出，极易导致井筒和储层结垢[3]。气井一旦开始结垢，流动通道逐渐变小，将导致气井产量下降，甚至停产关井[4]。从合川气田 D 区块 25 口低压气井中所打捞出的井下节流阀，其中 20 口井的井下节流阀堵塞严重，垢堵率高达 80%。因此，迫切需要开发一种有效的解垢堵方法来保证气井的正常生产。

气井除垢方法包括化学和物理除垢方法。化学除垢方法是使用化学药剂溶解固体垢[5-6]，或使用抑制剂来减缓结垢[7]；物理除垢方法包括物理刮削、超声波除垢等方法。与物理除垢方法相比，化学除垢方法工艺更简单、成本更低、关井时间更短[8-9]。

调研得知四川新场气田在用的 JD-3、HY-2 等解堵剂对堵塞物的溶解率不超过 28%，不能彻底解除气井储层及井筒堵塞的问题。合川气田地层水矿化度高、垢样复杂，普遍含有碳酸盐、硫酸盐、铁盐等。盐酸、土酸等除垢剂能够解除碳酸盐垢，但对晶格排列紧密、硬度高、溶度积常数小的硫酸盐垢无法有效溶解[10]，且易腐蚀气井管柱[11-12]。因此，针对常规除垢剂无法溶解硫酸盐等难溶垢且腐蚀性强的问题，以 Mannich 和磺乙基化反应为主，合成一种新型多配位体螯合除垢剂。通过螯合剂中的螯合基团与金属离子发生螯合作用，生成一种能够溶于水的更加稳定的环状螯合物[13-14]，从而打破了难溶垢溶解平衡，增大硫酸钙等难溶垢在溶液中的溶解度，可避免金属离子发生二次沉淀[15]，同时具有低腐蚀速率的特点，能够有效解除合川气井井筒及储层以硫酸盐

作者简介：刘国红，1989 年生，女，工程师，现主要从事气井排水采气技术研究工作。
邮箱：1906477593@qq.com。

难溶物为主的垢堵问题。

1 室内实验

1.1 材料与仪器

主要材料：

（1）无水乙醇、碳酸钠、盐酸、氢氟酸，分析纯，天津市科密欧化学试剂有限公司。

（2）螯合除垢剂 AH，自制。

（3）EDTA、NTA、乙二胺、2-氯乙基磺酸钠、H_2O_2 溶液、丙酮、乙二醛，工业级，苏州荣光化工有限公司。

（4）垢样、岩心、地层水，合川气田取样。

（5）N80 挂片，杭州冠洁工业清洗水处理科技有限公司。

主要仪器：

（1）DC-3006 恒温水浴锅，南京朔源生物技术有限公司。

（2）FD-53 电热恒温干燥箱，上海楚柏实验设备有限公司。

（3）AE323 电子天平（分度值 0.001g），上海舜宇恒平科学仪器有限公司。

1.2 实验方法

1.2.1 螯合除垢剂 AH 合成

取一定量的乙二醛和丙酮（醛、酮摩尔比为 2∶1）置于减压漏斗中备用。将乙二胺（醛、酮、胺摩尔比 2∶1∶4）加入 60mL 冰水中，在 250mL 三颈瓶中，将乙二醛和丙酮溶液缓慢滴入，搅拌，在 70℃ 下进行 Mannich 反应 6.5h。加入定量配制好的 2-氯乙基磺酸钠溶液，在 100℃ 下进行磺乙基化反应（醛基氧化成羧基）4h。再在 60 ℃ 下滴加定量 H_2O_2 溶液，反应 4h。反应完成后，室温冷却，提纯，制备得螯合除垢剂 AH。合成原理如图 1所示。

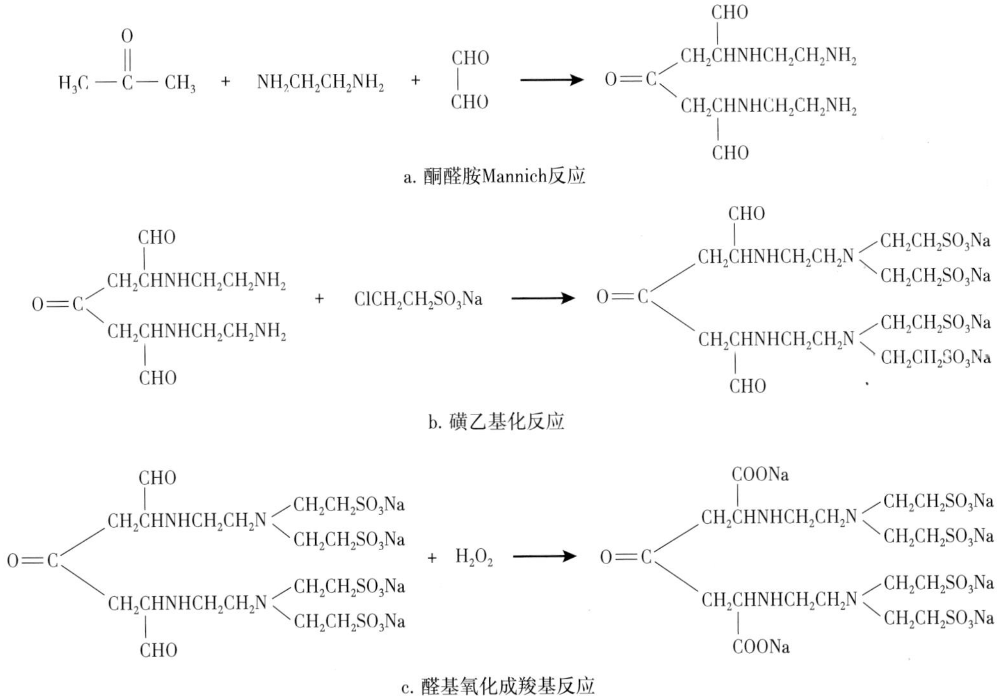

a. 酮醛胺Mannich反应

b. 磺乙基化反应

c. 醛基氧化成羧基反应

图 1　螯合除垢剂 AH 合成原理图

1.2.2 除垢剂对垢样溶解性能测试

通过溶垢率大小评价螯合除垢剂 AH 对垢样的溶解性能，同时与盐酸、土酸、EDTA、NTA 对垢样的溶垢率进行对比。

用地层水配制 5 种溶液，分别为 10% HCl、8%HCl+2% HF、10% 螯合除垢剂 AH、10% NTA、10%EDTA。用电子天平称取约 1g 垢样，质量记为 m_1，按固液质量比 1∶20 称取一定量的除垢剂，将垢样与除垢剂置于 50mL 塑料离心管中并标号。将离心管置于 80℃ 恒温水浴锅中，反应时间分别设置为 2h、4h、6h、8h、10h。反应后将离心管在 5000r/min 下离心 5min，取出离心管，倒掉上清液后在 80℃干燥箱内烘干至恒重，质量记为 m_2。最后根据垢样反应前后质量差计算出除垢剂对垢样的溶垢率。溶垢率 η 计算公式为：

$$\eta=\frac{m_1-m_2}{m_1}\times 100\% \quad (1)$$

式中 η——除垢剂对垢样的溶垢率，%；

m_1——反应前垢样质量，g；

m_2——反应后垢样质量，g。

1.2.3 螯合除垢剂 AH 质量分数对垢样溶解性能测试

为了研究螯合除垢剂 AH 的最佳使用质量分数，取合川气田 D 区块 6 口井垢样，分别标记为 1 号、2 号、3 号、4 号、5 号、6 号，评价不同螯合除垢剂 AH 质量分数对垢样溶解性能的影响。螯合除垢剂 AH 质量分数分别为 10%、15%、20%、25%、30%，用电子天平称取约 1g 垢样，记录其质量，按固液质量比为 1:20 称取一定量的除垢剂，将垢样与除垢剂置于 50mL 塑料离心管中并标号。将离心管置于 80℃恒温水浴锅中，反应时间保持 8h，反应后将离心管在 5000r/min 下离心 5min，取出离心管，倒掉上清液后在 80℃干燥箱内烘干至恒重并称质量。分析比较在各质量分数条件下螯合除垢剂 AH 对垢样的溶垢率。

1.2.4 除垢剂腐蚀性能测试

为评价螯合除垢剂 AH 的腐蚀性能，将螯合除垢剂 AH、盐酸、土酸、EDTA、NTA 对挂片腐蚀性能进行对比。用地层水配制 5 种溶液，分别为 20%HCl、16%HCl+4%HF、20%NTA、20%EDTA、20%螯合除垢剂 AH。用游标卡尺分别测量挂片尺寸，标记各挂片编号并记录挂片的长 L、宽 a、高 b，用电子天平称取挂片质量 M_1。根据每平方厘米挂片表面积溶液用量 20mL 计算所需每种溶液用量，将溶液倒入反应容器，连接好实验装置，打开实验装置加热电源，使反应容器中的溶液升温至 80℃。将挂片放入上述配制溶液中，保证挂片表面全部与溶液接触，记录反应时间。反应 4h 后，切断电源取出挂片，立即用水冲洗，再用丙酮、无水乙醇清洗。用冷风吹干，放在干燥器内干燥 20min 后称量挂片质量，记为 M_2。

腐蚀速率 v 计算公式为：

$$v=\frac{10^6\ (M_1-M_2)}{2(L\cdot a+a\cdot b+L\cdot b)\Delta t} \quad (2)$$

式中 v——挂片腐蚀速率，g/(m² · h)；

M_1——腐蚀前挂片质量，g；

M_2——腐蚀后挂片质量，g；

L——挂片长度，mm；

a——挂片宽度，mm；

b——挂片高度，mm；

Δt——反应时间，h。

2 除垢剂性能评价

2.1 除垢剂对垢样溶解性能评价

质量分数为 10%的不同类型的除垢剂的溶垢实验结果如图 2 所示。其中，盐酸与垢样反应速度最快，约 2h 内即反应彻底，溶垢率仅为 22.5%；土酸在 4h 内几乎完全溶解反应，溶垢率为 32.5%；而螯合除垢剂 AH、NTA、EDTA 的溶垢率与反应时间均呈正相关。其中，螯合除垢剂 AH 的缓速性和溶垢率最高，当反应时间超过 8h 后，溶垢率可达 65.3%。

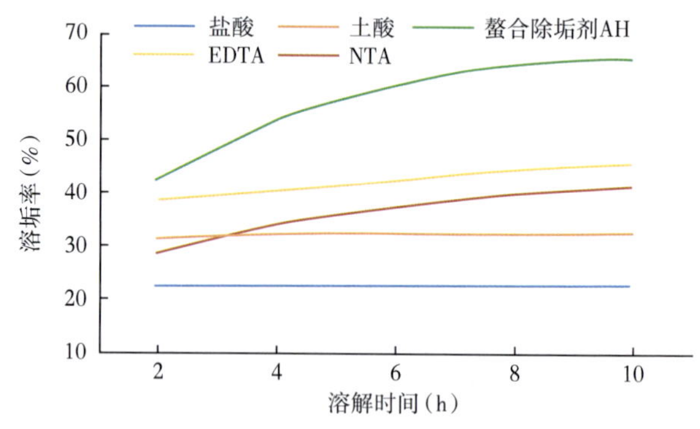

图 2 5 种溶液对垢样的溶垢率随时间变化曲线图

2.2 螯合除垢剂 AH 质量分数对垢样溶解性能评价

不同质量分数的螯合除垢剂 AH 对 6 个垢样的溶垢性能测试结果如图 3 所示。在相同质量分数下，螯合除垢剂 AH 对垢样 3 号的溶垢率最低，而对垢样 6 号的溶垢率最高，这是由于垢样取自不同的井，垢成分和含量有所差异，使得螯合除垢剂 AH 对垢样的溶垢率也有所差异。垢样 3 号中 SiO_2 的含量较高，除氢氟酸外，其他酸均难以溶解；而垢样 6 号的成分以 $CaCO_3$ 为主，容易被螯合除垢剂 AH 溶解。

随螯合除垢剂 AH 质量分数的增加，各垢样的溶垢率增加，这是由于螯合基团数量与质量分数呈正相关，质量分数越大，垢样溶垢率越高。当螯合除垢剂 AH 质量分数为 20%时，对垢样 6 号的溶垢率最高达到 80. 3%，6 个垢样的平均溶垢率为 78. 5%。但从每条线之间的差距可以看出，继续增大除垢剂质量分数，垢样溶垢率曲线上升趋势变得缓慢。这是由于当质量分数增加到一定值时，螯合能力会由于溶限效应而减弱，螯合配位的难度加大，溶垢率上升缓慢至几乎不变。因此，根据难溶垢的含量及经济成本的综合考虑，螯合除垢剂 AH 的最佳使用质量分数应在 20%左右。

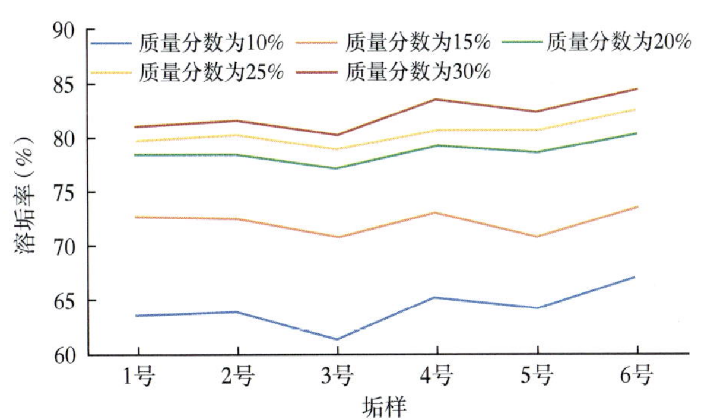

图 3　不同质量分数螯合除垢剂 AH 对垢样的溶垢率图

2. 3 螯合除垢剂 AH 腐蚀性能评价

由表1可得出，5种溶液中土酸的腐蚀速率最高，为 169. 8 g/(m^2 · h)；螯合除垢剂 AH 腐蚀速率最低，为 2. 4g/(m^2 · h)。因此，螯合除垢剂 AH 具有较强的抗腐蚀性能。

表 1　挂片在不同溶液中的腐蚀速率表

溶液名称		质量分数（%）	腐蚀速率［g/(m^2 · h)］
盐酸		20	165. 5
土酸	HCl	16	169. 8
	HF	4	
NTA		20	3. 6
EDTA		20	4. 3
螯合除垢剂 AH		20	2. 4

3 现场应用

2023 年，应用螯合除垢剂 AH 在合川气田 D 区块共开展解垢堵现场试验 12 口井，成功解决现场垢堵问题，平均单井使用螯合除垢剂 AH 2. 5t。解垢堵后单井平均日增气量为 1. 5×10^{4}m^3，平均油压上升 1. 8MPa。

以 A 井为例，该井由于射孔井眼附近严重堵塞，导致储层流体无法进入井筒，气井平均日产气量为 0. 9×10^{4}m^3。2023 年 10 月 10 日至 20 日，经过 3 次解垢堵施工作业，累计注入螯合除垢剂 AH 2. 2t，随着堵塞逐渐解除，关井油压和套压逐渐升高，返排液量也逐步增加，返排液颜色由含有大量垢物的黑色溶解液逐渐变为清澈的地层水。截至 2023 年 11 月 30 日累计排出 523m^3 返排液，油压和套压分别上涨到 7. 7MPa 和 12. 2MPa，彻底解除射孔井眼附近垢堵问题，日产气量恢复至 2. 5×10^{4}m^3，如图 4 所示。

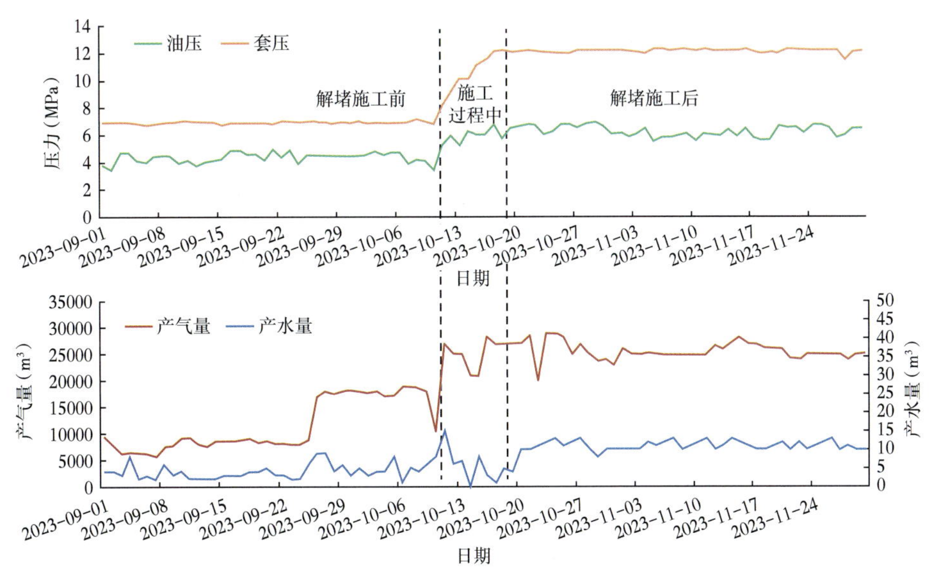

图 4　合川气田 A 井解堵施工前后生产曲线图

4 结　论

(1) 研制出一种适用于高矿化度气井螯合除垢剂 AH，能够有效溶解合川气田 D 区块垢堵物，解堵施工后，增气效果明显，取得了良好的现场应用效果。对目标区块类似气井解堵增产具有借鉴意义。

(2) 螯合除垢剂 AH 可有效解除气井储层垢堵问题，但经过长时间开采，其中有效表面活性剂被冲刷掉，储层堵塞反复发生，再次致使气井产能逐渐降低。因此，提出“防大于治，防治结合”的垢堵解决思路，后续将进一步开展垢堵防治一体化工艺技术研究。

参考文献

[1] 徐庆龙，何云俊，张晔，等. 致密砂岩气藏开发潜力评价技术研究 [C]//合肥：第 31 届全国天然气学术年会，2019：119-125.

[2] Baker C M，Mackerell Jr. A D. Polarizability rescaling and atom-based Thole scaling in the CHARMM Drude polarizable force field for ethers [J]. Journal of Molecular Modeling，2010，16 (3)：567-568.

[3] 曹冲，钟岳宸，周福建，等. 储层温度条件下一步酸体系优选新方法 [J]. 油田化学，2019，36 (3)：459-464.

[4] 文守成，饶喜丽，汪召华. 文 23 气田气井结垢及动态除垢技术研究 [J]. 长江大学学报（自然科学版），2012，9 (5)：133-135.

[5] 赖俊西，刘一存，谢明. 管道结垢因素机理分析及计算 [J]. 管道技术与设备，2017 (3)：50-51.

[6] 刘如斯，盖洁超. 浅谈油气开采过程中的除垢方法 [J]. 石油化工应用，2018，37 (9)：2.

[7] 葛炼，陈华兵，徐兴华，等. 油基钻井液钻遇高浓度钡盐地层的处理方法及应用 [J]. 钻井液与完井液，2019，36 (6)：711-715.

[8] Nunez M，Robie T，Vlachos D G. Acceleration and sensitivity analysis of lattice kinetic Monte Carlo simulations using parallel processing and rate constant rescaling [J]. Journal of Chemical Physics. 2017，147 (16)：6.

[9] 李树达. 井筒解堵技术在普光气田的适应性分析 [J]. 化工管理，2019 (1)：212.

[10] 王玉鑫. 三元复合驱不返排解堵剂体系及配套工艺研究 [G]//大庆油田有限责任公司采油工程研究院. 采油工程 2022 年第 2 辑. 北京：石油工业出版社，2022：7-11.

[11] 李岩，谢俊峰，常泽亮，等. 塔里木油田某井酸化管柱腐蚀的原因 [J]. 腐蚀与保护，2016，37 (10)：861-864.

[12] 赵建军. 大牛地气田气井结垢机理及除垢工艺技术研究 [J]. 中外能源，2020，25 (8)：63.

[13] 河滨，邹德昊，卢轶宽，等. 螯合酸解堵在渤南低产低效井综合治理中的研究与应用 [J]. 海洋石油，2021，41 (4)：38.

[14] 翁子文，谢国松，李勇. 油田结垢和化学除垢剂的应用 [J]. 化学工程师，2020，34 (3)：61-65.

[15] 牛爽爽. 采油井强络合缓速酸解堵增产技术研究与试验 [G]//大庆油田有限责任公司采油工程研究院. 采油工程 2022 年第 1 辑. 北京：石油工业出版社，2022：41-43.

CO_2 准干法压裂技术研究与现场试验

贾子凯

（大庆油田有限责任公司井下作业分公司）

摘　要：大庆油田Y油层组具有岩性致密、物性差、孔隙度低、黏土矿物含量高、储层敏感性强的特征，常规水力压裂后易出现水敏、水锁、出砂等问题，影响勘探开发效果。针对此问题，开展了 CO_2 准干法压裂技术的研究，重点开展了 CO_2 准干法压裂机理、压裂液体系组成、耐温耐剪切性能、携砂性能等方面的研究，形成了一种水基压裂液混合体系，具有储层伤害小、造缝能力强、携砂性能好、摩阻低等特点，并优化了施工规模、裂缝半长及施工排量。该技术在A区块LN1井进行了先导试验，压裂后单井日产油量为6.8t，增油效果理想。研究表明，CO_2 准干法压裂液体系具有携砂能力强、摩阻低、配注方便等优点，并且具有较好的增油效果。该技术为松辽盆地Y油层组的效益开发提供了新的思路。

关键词：Y油层组；强水敏储层；CO_2 准干法压裂；液态 CO_2；携砂性能

大庆油田已进入高含水开发后期，新增产能日益减少。Y油层组作为大庆长垣含油层系最上面的油层，尚未进行规模开发，而且具有一定的油气丰度，成为大庆油田接替潜力资源之一。Y油层组属于松辽盆地北部沉积体系的大型叶状三角洲沉积区，纵向上沉积形成了30～40m厚的砂泥岩组合，具有分布范围广、埋深浅、成岩作用差、砂体粒度细、分选性较差、泥质含量高、物性较差、黏土矿物含量高等特点，属于低渗透砂岩油层。2002年在萨北区块开展注水开发先导性矿场试验，证实Y油层组储层具有一定的产能。2003年及2008年先后开展过Y油层组压裂试验，常规压裂过程中易出砂，压裂后日产油量低于1t，且稳产时间短，后期无法产出。为了有效动用Y油层组接替潜力，缓解储采失衡的矛盾，亟需研究出能进一步改善Y油层组开发效果的压裂技术。

目前，CO_2 压裂技术在国内不断完善及应用，是部分采用或全部采用 CO_2 替代水基压裂液进行储层改造的工艺技术。该技术弥补了水力压裂过程中水资源浪费、黏土矿物膨胀和压裂液残渣伤害储层、污水处理费用高等缺点，在美国和加拿大现场应用广泛。实践结果表明，该方法对低压、低渗透、强水敏储层的压裂改造效果十分明显。

1 CO_2 准干法压裂技术

目前，非常规油气藏 CO_2 压裂展现出了良好的应用前景。通过对国内液态 CO_2 准干法压裂技术现状和现场试验情况研究发现，常见的 CO_2 压裂工艺主要分为 CO_2 干法压裂、CO_2 干法+增稠压裂、CO_2 泡沫压裂、CO_2 准干法压裂（表1）。对于低渗透、低压、强水敏性油气藏，CO_2 压裂液具有储层伤害小、破胶彻底、返排迅速等优势。

CO_2 准干法压裂技术是将 CO_2 以液态形式储存在罐车内并运送至井场，在压裂液中添加水相增稠剂和液相 CO_2 增稠剂，通过常规混砂车、地面高压泵组分别将液态 CO_2 和水基压裂液泵入井筒，在井口的高压三通管汇处汇合，两种液相体

作者简介：贾子凯，1990年生，男，工程师，现主要从事采油气工程研究工作。

邮箱：1157921721@qq.com。

系在井下管柱内混合，形成具有一定黏度的混合相液体，在近井地带压开地层形成一条人造裂缝，后续支撑剂的注入对人造裂缝进行支撑充填。压裂结束后，形成一条具有高渗透性的油气渗流通道，从而达到增产改造的目的。由于液态 CO_2 是一种弱溶剂，与水不互溶，黏度低、悬砂能力差、降滤失性能差，不利于压裂过程中携砂造缝。CO_2 准干法压裂工艺技术在水基压裂液中添加增黏剂，弥补了纯液态 CO_2 黏度低、携砂能力弱的问题，有效兼顾了纯液态 CO_2 压裂液和水基压裂液的技术优势。由于 CO_2 的 pH 值为弱酸性，对岩石中黏土矿物的膨胀具有一定的抑制作用，CO_2 准干法压裂工艺技术解决了常规压裂工艺技术在强水敏储层中存在的问题。

表1　4种 CO_2 压裂工艺对比表

工艺	CO_2 干法压裂	CO_2 干法+增稠压裂	CO_2 泡沫压裂	CO_2 准干法压裂
压裂液	100%超临界 CO_2	98%超临界 CO_2+增稠剂	水基压裂液中 CO_2 泡沫不少于53%	60%及以上的水基压裂液+40%及以上的液态 CO_2
携砂能力	砂比低于5%	砂比低于10%	砂比低于8%	砂比可达45%
造缝能力	造缝差，滤失量大	造缝好，可适量携砂	造缝一般	造缝好，可大量携砂
压裂设备	密闭混砂车，技术不成熟	密闭混砂车，技术不成熟	常见泵车即可	常见泵车即可

2 室内实验

2.1 储层敏感性实验分析

大庆油田Y油层组各区块黏土矿物含量各异、水敏程度也有差异，开展储层敏感性实验分析，初步明确了试验区Y油层组的水敏指数大小。水敏评价实验选用行业标准所规定的三级盐水，选取7块Y油层组的岩心样品，进行必要的清洗和干燥处理，以确保实验结果的准确性。

将岩心样品置于高压容器中，用模拟地层水进行饱和处理，以模拟储层中的实际流体环境。在饱和地层水后，测量岩心的初始渗透率，作为后续实验的基准值。依次向岩心中注入不同矿化度的流体（如蒸馏水、次地层水、地层水等），模拟地层注水过程中流体矿化度的变化。在每次注入不同矿化度流体后，测量岩心的渗透率变化，记录数据并分析渗透率与流体矿化度之间的关系。根据实验数据计算水敏指数，以评价储层的水敏性强弱。

$$I_w = \frac{K_i - K_w}{K_i} \tag{1}$$

式中　I_w——水敏指数；

K_i——饱和盐水渗透率，mD；

K_w——淡水渗透率，mD。

实验结果，试验区水敏指数为0.87～0.97（表2），Y油层组储层为强水敏储层，当淡水进入地层后黏土矿物易发生膨胀、分散、运移，将地层孔喉堵塞。因此，应针对储层强水敏性特征，研究合理的压裂液配方，在压裂增产过程中，避免储层渗流能力受到伤害。

表2　Y油层储层敏感性实验数据表

岩心编号	气体渗透率(mD)	孔隙度(%)	地层水渗透率(mD)	次地层水渗透率(mD)	蒸馏水渗透率(mD)	水敏指数
S02-1	6.67	22.77	0.35	0.047	0.028	0.92
S02-2	5.44	15.53	1.03	0.052	0.070	0.93
S02-3	3.25	10.23	0.27	0.038	0.013	0.95
S02-4	3.82	12.03	0.33	0.029	0.011	0.97
S02-5	463.00	26.59	4.32	2.370	0.470	0.89
S02-6	361.00	12.39	0.09	0.010	0.010	0.87
S02-7	317.00	12.72	0.13	0.020	0.020	0.88

2.2 储层抗拉强度

岩石的抗拉强度、弹性模量和泊松比是表征岩石力学性质的重要参数。选取 Y 油层组 5 块岩心进行围压测试，将岩石试样置于高压容器内，施加水平压力模拟地下应力环境，测量试样的径向和轴向应变，计算泊松比。Y 油层的泊松比在 0.2110~0.2333 之间，平均为 0.22。

通过拉伸试验机对岩石试样施加拉力，记录试样的应力—应变曲线，从而计算弹性模量。储层的弹性模量在 4.11~5.30GPa 之间，平均为 4.6GPa，岩石的弹性模量受矿物成分、结构、孔隙率、温度等因素影响。不同类型的岩石具有不同的弹性模量特性。

开展巴西劈裂实验，通过径向加压使圆盘形试样在加载平面内以拉伸破裂的方式发生破坏，从而测得岩石的抗拉强度。结果表明，Y 油层组储层的抗拉强度在 1.310~1.500GPa 之间，平均为 1.428GPa（表 3），抗拉强度很小，易破裂。

表 3　抗拉强度测试结果对比表

岩心编号	弹性模量（GPa）	泊松比	抗拉强度（GPa）
S0201-1	4.52	0.2165	1.374
S0201-2	4.49	0.2125	1.500
S0201-3	4.12	0.2110	1.310
S0201-4	4.11	0.2190	1.406
S0201-5	5.30	0.2333	1.480

2.3 岩心渗透率伤害评价

采用现行的行业标准 SY/T 5107—2016《水基压裂液性能评价方法》来评价液态 CO_2 对 Y 油层渗透率的损害程度。在 Y 油层组 890~920m 处取 3 组岩心，渗透率为 5~20mD，采用上海海恒科技有限公司的高温高压驱替装置，将岩心放置于岩心夹持器内，恒温箱设置为储层温度 40℃。

首先，注入 10PV 盐水，用标准盐水充分饱和岩心。

其次，测得航空煤油通过岩心的渗透率 K_1。使航空煤油从岩心一端注入岩心，以 0.05mL/min 的注入速度驱替岩心孔隙中的盐水，直到航空煤油全部排出，待压力稳定后结束。将液态 CO_2 装入高压容器中，用压力源加压，使液态 CO_2 从岩心夹持器上一端入口进入岩心（与盐水、航空煤油的注入方向相反）。注入 10PV 液态 CO_2，关闭夹持器两端阀门，使液态 CO_2 在岩心中停留 2h。试验温度为 Y 油层温度。

最后，待岩心冷却至室温，按上述方法测定岩心注入液态 CO_2 后的渗透率 K_2，要求注入航空煤油量为 5~15PV。实验结果如表 4 所示。

表 4　不同岩心加入液态 CO_2 后渗透率损害实验数据表

岩心编号	渗透率（mD）	液态 CO_2 驱替后的渗透率（mD）	岩心损害率（%）
S0-301	8.61	9.52	-10.57
S0-302	5.95	6.53	-9.75
S0-303	11.23	11.97	-6.59

渗透率损害率计算公式为：

$$\eta_d = \frac{K_1 - K_2}{K_2} \times 100\%$$

式中　η_d——渗透率损害率，%；

K_1——岩心注入液态 CO_2 前的渗透率，mD；

K_2——岩心注入液态 CO_2 后的损害渗透率，mD。

液态 CO_2 驱替后储层岩心渗透率没有减小，反而呈现出不同程度的增加，岩心损害率平均值约为-8.97%。说明液态 CO_2 对 Y 油层砂岩岩心的孔隙喉道具有一定的改善作用，应用液态 CO_2 压裂工艺可以避免强水敏储层黏土矿物的分散运移，但其具体的影响机理有待于进一步深入研究。

2.4 压裂液耐温耐剪切性能评价

CO_2 准干法压裂液体系主要由水基压裂液、液态 CO_2、饱和碳酸溶液、游离态的碳酸等物质组成，其中水的体积与液态 CO_2 的体积比，称为“水碳比”，不同水碳比的压裂液体系性质差异较大。纯液态 CO_2 黏度较低，约为 0.1mPa · s，较低的黏度导致液态 CO_2 压裂液滤失量大、携砂能力差、造缝能力差。因此，需通过提高压裂液的

黏度来改善液态 CO_2 体系的携砂性能。CO_2 与水易发生化合反应生成碳酸，该反应为可逆反应。根据勒夏特列原理，当可逆反应中水和 CO_2 的质量比越接近 18∶44（相对分子量近似于 3∶7）时，参与化合反应的水和 CO_2 的量会越多，形成饱和碳酸水溶液和碳酸分子的量也越多。因此，选择水碳比3∶7 进行 CO_2 相增黏剂、水基增黏剂评价实验。采用ZNN- D6S 型数显六速旋转黏度计、配有高温高压测量装置的 RS6000 型哈克流变仪、S312 型数显恒速搅拌器进行流变性能评价。实验结果优选出水基增黏剂 APQD-8 和 CO_2 相增黏剂 APQD-2，这两种增黏剂溶液的黏度都是随着质量分数的增加而增加，具有良好的增黏降阻性。当实验温度为 40℃时，增黏剂 APQD-8 和 APQD-2 的基本性质如表 5 所示，凝固点较低。当增黏剂 APQD-8 的质量分数大于 0.8%、APQD-2 的质量分数大于 0.6%时，其黏度能够满足压裂现场对携砂能力的要求。

表 5 APQD-8 和 APQD-2 两种增黏剂参数对比表

增黏剂	黏度（mPa · s）	pH 值	密度（g/cm³）	凝固点（℃）
APQD-8	260	6.8	1.03	-20
APQD-2	39	6.8	1.08	-22

优选质量分数为 0.8%的 APQD-8 和 0.6%的 APQD-2 增黏剂，分别按 4∶6、3∶7、2∶8 和 1∶9 的水碳比配置压裂液体系，测试其在 20℃、40℃、60℃和 80℃条件下的黏度（图 1）。从温度—黏度关系曲线可以看出，不同水碳比的压裂液体系，其黏度受温度影响很小，在 20℃～80℃条件下，基本能保持稳定的黏度，均在 50mPa · s 以上，满足压裂液要具有一定黏度性能的要求。随着水碳比从 4∶6 降低至 3∶7，再降低至 2∶8，压裂液体系的黏度缓慢降低；当水碳比降低至 1∶9 时，黏度不再降低反而急剧上升。水碳比越低，液态 CO_2 的占比越大，压裂液体系的成分越接近于纯液态 CO_2。因此，压裂液体系的性能也越接近于干法 CO_2 压裂液的性能，CO_2 基增黏剂增黏效果越突出。

采用流变仪对准干法 CO_2 压裂液体系的耐温耐剪切性能进行了测试。优选质量分数为 0.8%的 APQD-8 和 0.6%的 APQD-2 增黏剂，按水碳比 3∶7 配置压裂液体系，分别在 20℃、40℃和 60℃的条件下，测试其在 $170s^{-1}$下耐温耐剪切性能，如图 2 所示。测试结果显示，在一定温度情况下，准干法 CO_2 压裂液体系的黏度基本稳定，抗剪切性能较好，在实验温度从 20℃升高到 60℃时，体系的黏度损失很小，在现场施工过程中可忽略温度对体系黏度的影响。

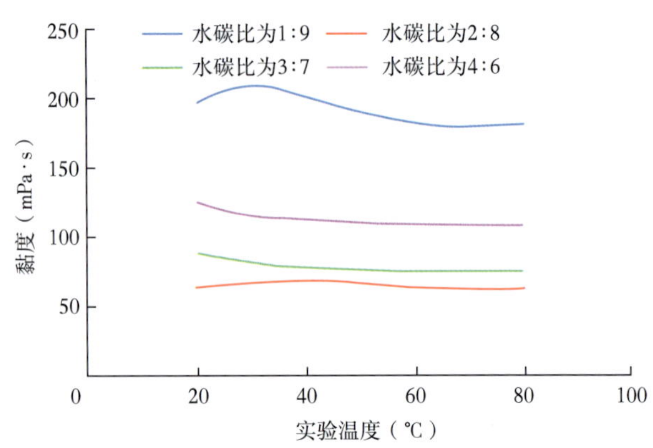

图 1 在不同温度条件下 CO_2 准干法压裂液体系的黏度关系曲线图

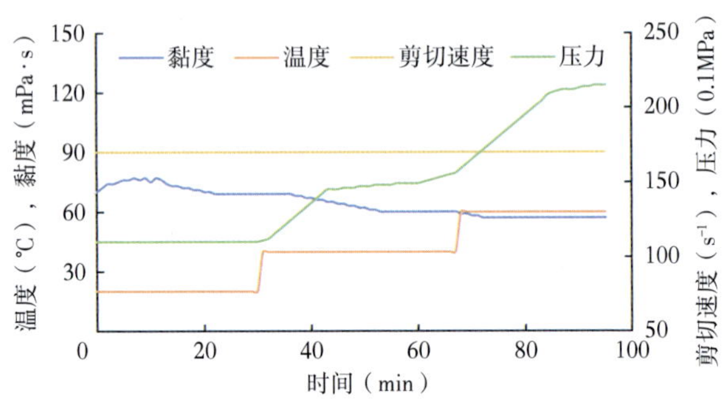

图 2 在不同温度条件下 CO_2 准干法压裂液的耐温耐剪切曲线图

3 压裂施工参数优化

以 Y 油层组为研究对象，通过建立地质模型，优化裂缝半长及施工排量等工程参数，以更好地指导 A 区块 CO_2 准干法压裂试验。

3.1 裂缝半长优化

根据以往 Y 油层压裂微地震监测结果，采用单因素分析方法模拟裂缝缝长。压裂目的层段储层厚度为 6.6m，有效厚度为 4.2m，依据砂体发育规模，结合 150m×150m 五点法面积开发井网，河道宽度偏窄 100m，适当调整加砂规模至 40m^3。模拟不同导流能力对产能的影响，随着模拟的裂缝半长变长，采油井 300d 内累计产油量逐渐上升；但在 120d 时，上涨幅度变小。因此，通过压裂参数模拟优化，设计裂缝半长为 70m，确定导流能力为 400mD · m，预测初期日产油量为 5.6m^3 左右。

3.2 施工排量优化

液态 CO_2 是一种牛顿流体，具有很高的摩擦阻力[11]，其在管道中流动遵循 Fanning 公式。摩擦因子主要取决于施工时排量的大小和压裂管柱的内径大小。当施工排量保持不变时，液态 CO_2 摩阻随着压裂管柱直径的减小而迅速增大。当压裂管柱的内径确定时，CO_2 的摩阻随着排量的增加而迅速增大（图 3）。

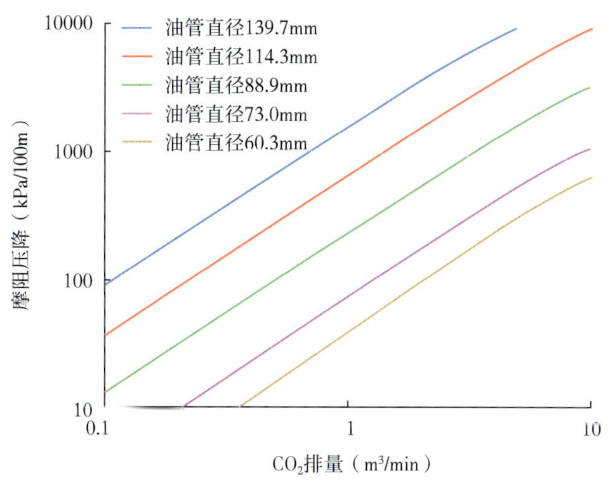

图 3 CO_2 压裂液的耐温耐剪切曲线图

目的层压裂管柱采用外径 88.9mm 的 N80 外加厚油管，抗内挤压力为 53.4MPa，抗外挤压力为 43.3MPa。参考同区块内压裂瞬时停泵压力在10~12MPa 之间，停泵压力梯度为 0.0220MPa/m，考虑套管抗内压强度及施工风险，结合地面施工压力预测，推荐施工排量为 5.0m^3/min。其中，液态 CO_2 排量为 3.5m^3/min，水基压裂液排量为 1.5m^3/min。

4 现场应用

2023 年 12 月，在大庆油田 A 区块 LN1 井进行 CO_2 准干法压裂技术的现场试验。LN1 井压裂 S06 层段，埋深为 1004.4m，储层为砂岩储层，有效厚度为 4.2m，测井解释渗透率为 11.67mD，地层温度为 43.82℃，压力梯度为 1.14MPa/100m，压裂层段为强水敏储层。根据理论研究及室内实验结果进行压裂方案设计，压裂液体系中水基压裂液体积与液态 CO_2 体积比为 3:7，共加入液态 CO_2 420m^3，纯水基压裂液 184m^3。总施工排量为 5m^3/min，其中液态 CO_2 的注入排量为 3.5m^3/min，水基压裂液的注入排量为 1.5m^3/min。支撑剂选用 40~70 目和 20~40 目石英砂，加砂规模为 40m^3。从压裂施工曲线中可以看出，压裂施工过程中压力平稳，加砂顺利，完成了设计施工规模（图 4）。

A 区块 Y 油层组 LN2—LN5 4 口邻井与 LN1 井的储层物性条件相似，在射孔厚度也基本一致的情况下，采用常规水力压裂工艺技术。LN4 井、

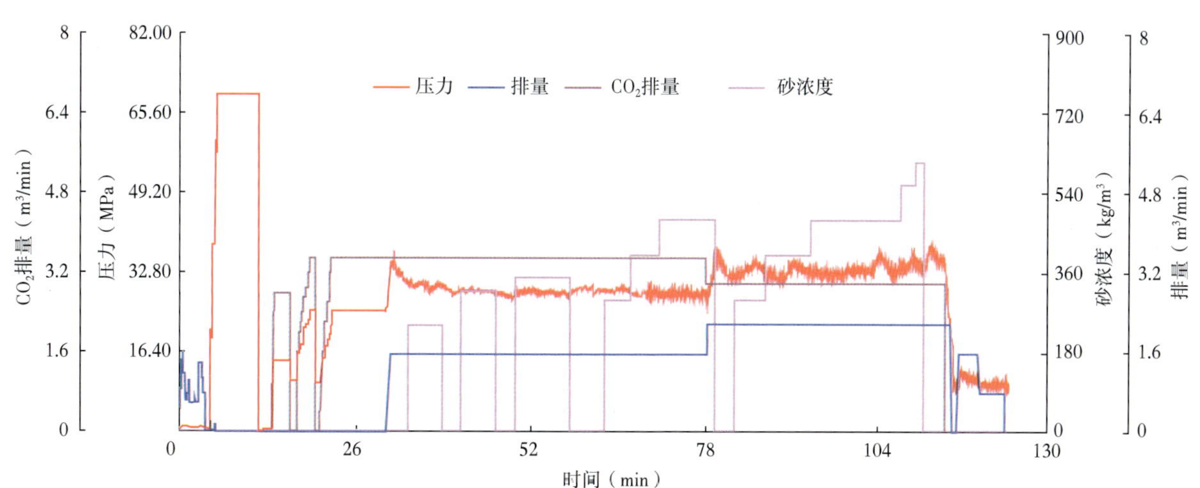

图 4 LN1 井 CO_2 准干法压裂施工曲线图

LN5 井注入乳化压裂液携砂，压裂后日产油量偏低；LN2 井、LN3 井注入醇基压裂液携砂，压裂后日产油量略有提高；LN1 井采用 CO_2 准干法压裂技术，压裂后日产油量创新高。A 区块 5 口试验井压裂增产效果对比结果显示（表 6），CO_2 准干法压裂较常规水力压裂能够显著提高 Y 油层组储层的压裂后产能。

表 6　A 区块 5 口试验井不同压裂方式试验参数表

井号	射孔厚度（m）	孔隙度（%）	渗透率（mD）	压裂方式	日产油量（t）
LN5	4.9	18.6	9.38	常规水力压裂	1.32
LN4	5.2	15.8	10.52	常规水力压裂	1.94
LN3	6.6	16.1	8.97	常规水力压裂	3.74
LN2	7.9	11.8	17.82	常规水力压裂	4.52
LN1	4.2	19.8	11.67	CO_2 准干法压裂	6.80

5 结　论

（1）液态 CO_2 作为压裂液，相比于水基压裂液体系具有优势，能有效改善 CO_2 压裂液的携砂性和造缝性，对低渗透、强水敏储层具有良好的适用性，较常规压裂作业增产效果明显。

（2）与常规水力压裂工艺技术相比，CO_2 准干法压裂工艺技术在 A 区块 Y 油层组压裂后日产油效果较好，优于乳化压裂增油效果。

参考文献

[1] 宋远飞，孙鹏勃. 液态二氧化碳压裂技术研究现状与展望［J］. 科技与创新，2016（19）：14.

[2] 刘合，王峰，张劲，等. 二氧化碳干法压裂技术：应用现状与发展趋势［J］. 石油勘探与开发，2014，41（4）：466-472.

[3] 梅艳，王振宇. 致密储层二氧化碳加砂压裂技术研究［J］. 化学工程师，2020（11）：45-48.

[4] 宋振云，兰建平，苏伟东，等. CO_2 干法加砂压裂技术的研究与试验［C］//2016 年全国天然气学术年会论文集，2016：1-10.

[5] 刘刚，白小丹，马中国，等. 常压混砂准干法压裂技术的研究与应用［J］. 钻井液与完井液，2021，38（3）：375-379.

[6] 罗成. 二氧化碳准干法压裂技术研究及应用［J］. 石油与天然气化工，2021，50（2）：83-87.

[7] 杨发，汪小宇，李勇. 二氧化碳压裂液研究及应用现状［J］. 石油化工应用，2014，33（12）：9-12.

[8] 苏伟东，宋振云，马得华，等. 二氧化碳干法压裂技术在苏里格气田的应用［J］. 钻采工艺，2011，34（4）：39-44.

[9] 夏玉磊，王祖文，兰建平. 二氧化碳与储层岩石及主要堵塞元素的反应规律研究［C］//2020 油气田勘探与开发国际会议论文集，2021：1-11.

[10] 王鹏涛，吴向阳，朱杰，等. 二氧化碳前置蓄能体积压裂优化设计［J］. 当代化工，2021，50（2）：447-450.

[11] 董家峰，顾茂升. 二氧化碳压裂技术研究进展综述［J］. 工艺技术，2016（15）：114，116.

[12] 金学诗. 二氧化碳干法压裂工艺在江汉油田盐间页岩油的应用［J］. 江汉石油职工大学学报，2020，33（2）：35-37.

[13] 郑焰，白小丹，罗于建，等. 非常规油气二氧化碳压裂技术研究进展［J］. 中国石油和化工标准与质量，2019（17）：221-224.

[14] 宋振云，李勇，苏伟东，等. 低渗透油气田二氧化碳泡沫、干法压裂增产技术［C］//2012 国际石油产业高峰论坛，2019：196-200.

[15] 王始波，刘剑宁，陈其河，等. 松辽盆地敖古拉地区 Y 油层油藏特征及圈闭预测［J］. 大庆石油地质与开发，2016，35（2）：1-6.

[16] 张强德，王培义，杨东兰. 储层无伤害压裂技术：液态 CO_2 压裂［J］. 石油钻采工艺，2002，24（4）：47-50.

[17] 张艳，楼一珊，牟春国，等. 超临界二氧化碳压裂过程中注入压力对致密砂岩力学特征的影响［J］. 石油钻采工艺，2019，41（2）：242-248.

[18] 宋振云，潘新伟，李志航，等. CO_2 干法压裂技术在长庆气田的适应性研究［C］//石油技术发展研讨会论文集，2005：310-320.

古龙页岩油大偏移距欠位移水平井钻井设计与实践

苑晓静，潘荣山，王鹏浩，杨金龙，陶丽杰

（大庆油田有限责任公司采油工艺研究院）

摘　要：古龙页岩油储层具有成熟度低、渗透率低等特点，采用大平台立体交叉长水平段开发方式成为提高页岩油开发效率和综合效益的有效手段。由于大偏移距欠位移水平井偏移距大、欠位移、水平段长等原因容易导致钻井摩阻扭矩大、井壁坍塌、井眼清洁和水平段钻井导向延伸困难以及固井质量难以保证等问题，开展了古龙页岩油大偏移距欠位移水平井钻井设计与实践研究。本文通过对 GY3-X-X 井井身结构、“双二维+勺型井”井眼轨道、“一趟钻”钻具组合、钻井液性能以及韧性水泥浆固井技术等进行优化设计，实现了 GY3-X-X 井 451m 偏移距、86m 垂直靶前距、2550m 长水平段水平井安全快速钻井，有效解决了页岩油大偏移距欠位移水平井钻井技术难题。

关键词：古龙页岩油；大偏移距；欠位移；双二维+勺型井；钻井设计

页岩油在中国含油气盆地广泛分布，页岩油储层具有成熟度低、低孔、低渗、无自然工业产能等特点。需要采用长水平段水平井大规模压裂开发，形成人工裂缝，持续获得产能[1-4]。松辽盆地北部泥（页）岩层厚度大、分布广泛、有机质丰度高，具备优越的泥（页）岩油发育地质条件。与美国海相页岩相比，松辽盆地陆相页岩油具有甜点层厚度薄、脆性差等特点。松辽盆地北部晚白垩世为大型内陆坳陷湖盆，青山口组沉积了盆地演化史上规模最大的湖泛期，富集了丰富的页岩油资源。松辽盆地北部的青山口组泥页岩储层纹层化特征明显，油气储集空间也以层间缝为主，预测古龙页岩油地质储量为 12.68×10^8t。从细分层来看[5]，主要集中在青一段，占总资源量 40%；其次是青二段，青二段Ⅱ类资源相对富集，占总资源量 23%。

本文对 GY3-X-X 井钻井技术难点进行了分析，对井身结构、井眼轨道、钻具组合、钻井液、固井工艺等关键技术进行了优化设计和应用。实现了大偏移距欠位移水平井优质、高效钻井，提高了经济与社会效益，为后续古龙页岩油规模效益开发奠定了基础。

1 钻井技术难点

松辽盆地北部古龙页岩油储层地质条件及开发方式与常规水平井存在很大差异[6-8]，大段泥岩以及泥页岩纹层状储层、大偏移距、长水平段、大规模压裂等条件下形成的复杂井眼，给钻井设计和现场施工带来了巨大挑战。因此，结合地质及工程特点分析了 GY3-X-X 井钻井存在的主要技术难点。

1.1 摩阻扭矩大且轨迹控制难

GY3-X-X 井水平段较长、垂直靶前距短，如果采用常规的三维井眼轨道设计方法，实际钻井的摩阻扭矩大，发生卡钻、遇阻等风险高。同井台井口距离仅为 8m，也会给防碰带来较大的难度和风险。设计井的裸眼段较长。为了消除偏移距形成的井眼轨迹的拐点。定向钻进会使滑动摩阻扭矩急剧增加[9]；滑动钻进会使得钻压难以有效地传到钻头上，托压现象严重，机械钻速低，难以达到期望的定向效果；常规钻具复合钻进容易

第一作者简介：苑晓静，1989 年生，女，工程师，现主要从事钻井工程设计研究工作。

邮箱：xiaojingyuan@ petrochina. com. cn。

严重扭曲钻具，从而使钻具疲劳损坏[10-11]。

1.2 井眼净化难

三开长裸眼段施工，循环压耗大，井斜角45°~65°井段以及水平段易形成岩屑床，井眼净化难，长裸眼段钻井周期长、井壁失稳及裸眼段浸泡时间长，对钻井液抑制封堵防塌、润滑防卡和携砂性能等提出更高的要求。

1.3 大斜度井段和水平段井壁稳定难以保证

青山口组以泥页岩为主，脆性矿物达到40%以上，脆性强，裂纹延展概率大。黏土含量高达15.8%~58.7%，主要为伊利石，相对含量达60%以上，含有少量绿泥石，易发生层间散裂。而且青山口组地层发育层状、纹层状页岩，微裂缝、孔隙发育[12]。裂缝为1000~3000条/m，宽度为0.79~30.44μm；孔隙以基质孔隙为主，孔径在5~1000nm之间，为液相滤失提供了通道，钻井液滤液进入孔缝中降低岩石内聚力及岩石强度，容易发生井壁失稳、坍塌卡钻等井下复杂情况。

1.4 长水平段固完井难度大

GY3-X-X井井眼轨迹欠位移幅度大、水平段长、井壁不规则，下套管时摩阻扭矩高、容易黏卡，很难确保套管安全顺利下到指定位置；固井时还要求长封固井段一次性上返，影响顶替效率，导致固井质量难以保证。

2 钻井设计优化

2.1 井身结构设计

通过分析地层压力、岩性特征及已钻井施工等情况，优化为3层套管井身结构，保障长水平段施工安全。表层套管封固地下浅水层不受伤害；技术套管封固葡萄花注水开发层，并且消除偏移距后井斜角降至0°的井段，有效降低三开摩阻和扭矩，同时有效预防葡萄花易漏层出现复杂情况，保证后续三开长水平段顺利施工。通过论证分析，GY3-X-X井的井身结构优化设计为：直径444.5mm钻头×外径339.7mm表层套管（封固浅水层）+直径311.2mm钻头×外径244.5mm技术套管（技术套管垂深为葡萄花油层底以下30m）+直径215.9mm钻头×外径139.7mm生产套管。井身结构示意图见图1。

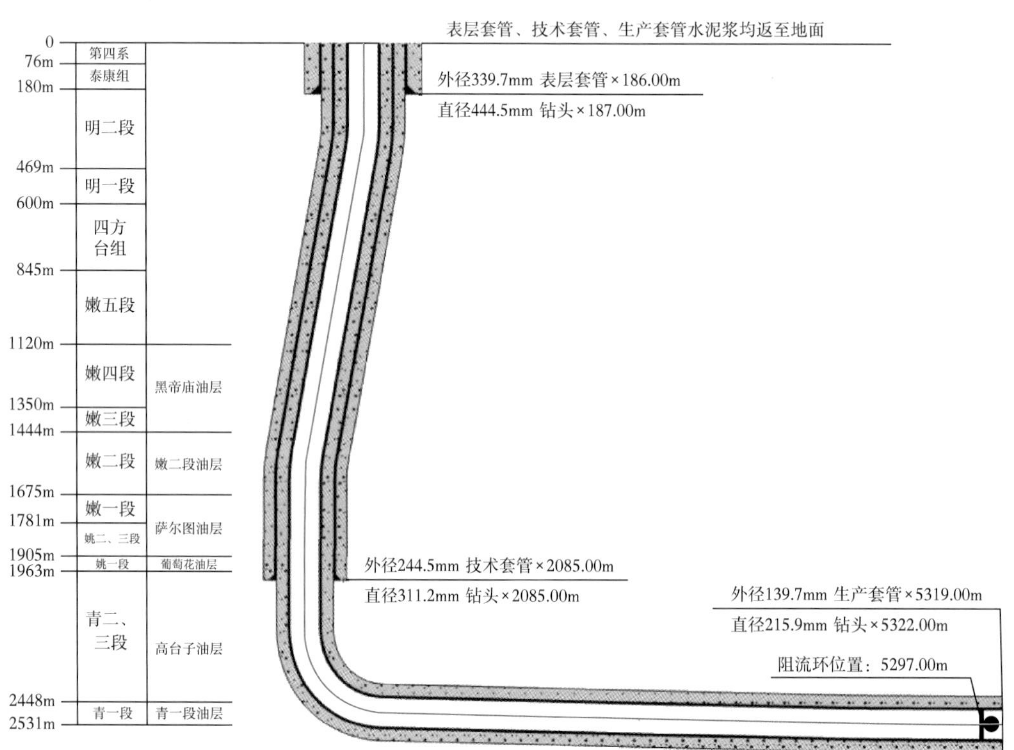

图1 GY3-X-X井身结构示意图

2.2 井眼轨道设计

GY3-X-X 井偏移距为 451m、垂直靶前距仅为 86m，采用“双二维+勺型井”井眼轨道设计方法，利用 Sunny Pathing 软件对轨道参数进行了以下两方面的优化设计。

（1）为了解决因靶前距短而引发的轨道设计斜井段造斜率过大问题，轨道设计优化首先向靶点反方向形成负位移井段，即“勺型”井段，增加靶前距，靶点 *A* 的靶前距通过轨道设计优化后，增加到了 320m（图 2）。

（2）为了降低偏移距带来的大摩阻、大扭矩等问题，采用小井斜定向井先消除大偏移距，第一个二维剖面造斜点测深优选为 300m，先以 3°/30m 造斜率将井斜角增至 21.9°，稳斜至测深 1749.39m，然后再以 3°/30m 造斜率将井斜角降至 0°，将 451m 偏移距完全消除；第二个二维剖面造斜点测深在井斜角 0°的井段优选为 2168.42m，以 5.5°/30m 造斜率的单圆弧设计剖面进入水平段，靶点 *A* 前留有 20m 调整段，具体井眼轨道设计数据见表 1。

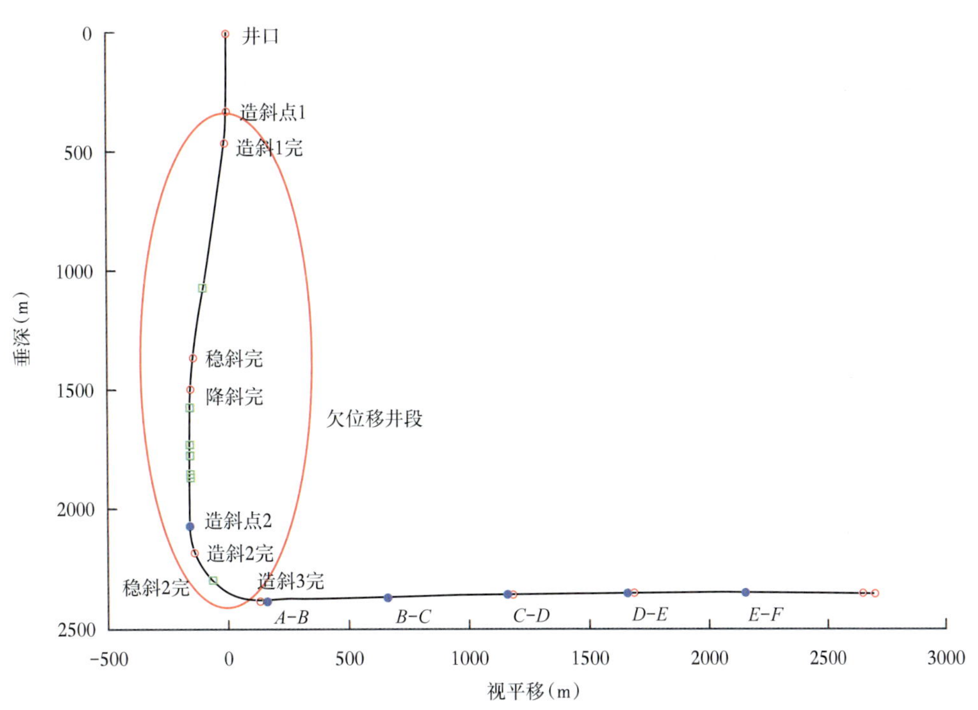

图 2　GY3-X-X 井垂直投影图

该井采用“双二维+勺型井”井眼轨道设计，最大摩阻为 35t，最大扭矩为 25kN · m，与常规三维井眼轨道相比设计测深减少了近 300m，摩阻降低了 33%，扭矩降低了 20%；同平台井防碰井段由 2100m 降至 300m，减少了钻进过程中与邻井的相碰风险。“双二维+勺型井”井眼轨道剖面模型在降低钻井施工难度、缩短钻井周期和降成本方面具有明显优势。

表 1　GY3-X-X 井眼轨道设计数据表

双二维井眼轨道剖面	节点描述	测深（m）	井斜角（°）	网格方位角（°）	垂深（m）	北坐标（靶前位移）（m）	东坐标（m）	闭合距（m）	闭合方位角（°）	全角变化率（造斜率）[（°）/30m]
直井段	井口	0.00	0.00	0.00	0.00	0.00	0.00	0.00	0.00	0.00
	造斜点 1	300.00	0.00	0.00	300.00	0.00	0.00	0.00	0.00	0.00

续表

双二维井眼轨道剖面	节点描述		测深（m）	井斜角（°）	网格方位角（°）	垂深（m）	北坐标（靶前位移）（m）	东坐标（m）	闭合距（m）	闭合方位角（°）	全角变化率（造斜率）[（°）/30m]
第一个二维剖面（消偏段）	欠位移井段	造斜 1 完	519.03	21.90	56.37	513.73	22.91	34.43	41.36	56.37	3.00
		稳斜 1 完	1749.39	21.90	56.37	1655.29	277.13	416.57	500.33	56.37	0.00
		降斜完	1968.42	0.00	0.00	1869.02	300.04	451.00	541.69	56.37	3.00
第二个二维剖面（造斜段—水平段）		造斜点 2	2168.42	0.00	0.00	2069.02	300.04	451.00	541.69	56.37	0.00
		造斜 2 完	2428.89	43.41	180.00	2305.27	206.00	451.00	495.82	65.45	5.00
		稳斜 2 完	2506.51	43.41	180.00	2361.66	152.66	451.00	476.14	71.30	0.00
	造斜 3 完		2753.54	88.70	180.00	2459.33	-67.28	451.00	455.99	98.49	5.50
	靶点 A		2772.26	89.32	180.00	2459.65	-86.00	451.00	459.13	100.80	1.00
	靶点 B		3272.30	89.32	180.00	2465.55	-586.00	451.00	739.46	142.42	0.00
	靶点 C		3772.33	89.32	180.00	2471.45	-1086.00	451.00	1175.92	157.45	0.00
	靶点 D		4272.36	89.32	180.00	2477.35	-1586.00	451.00	1648.88	164.13	0.00
	靶点 E		4772.40	89.32	180.00	2483.25	-2086.00	451.00	2134.20	167.80	0.00
	靶点 F		5272.43	89.32	180.00	2489.15	-2586.00	451.00	2625.03	170.11	0.00
	井底		5322.00	89.32	180.00	2489.73	-2635.57	451.00	2673.88	170.29	0.00

2.3 钻具组合设计

古龙页岩油目的层青山口组垂深为 1859～2454m，地层可钻性为 4.3～6.8 级。为实现钻井提速，统计分析已钻井钻头使用数据，按照钻速、单趟进尺、成本等因素优选钻头。推荐 311.2mm 井眼采用 TS1953G 钻头（图 3），215.9mm 井眼采用百施特短冠 TS1653PO 型号五刀翼钻头（图 4）。同时，为了满足“三大两高”施工要求，水平段排量为 34～40L/s，转速为 100～120 r/min，钻压为60～100kN。

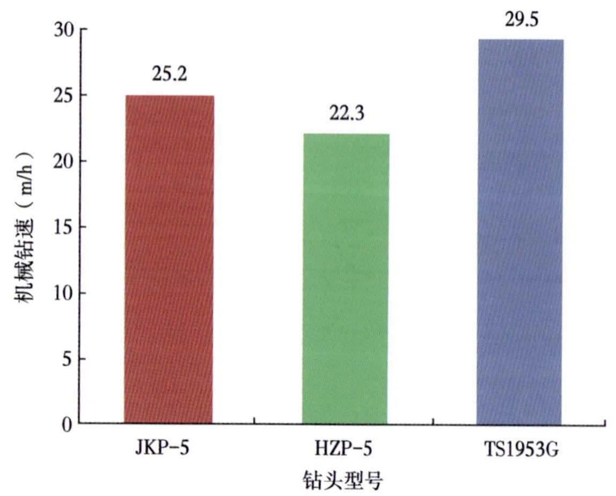

图 3　直径 311.2mm 钻头机械钻速对比图

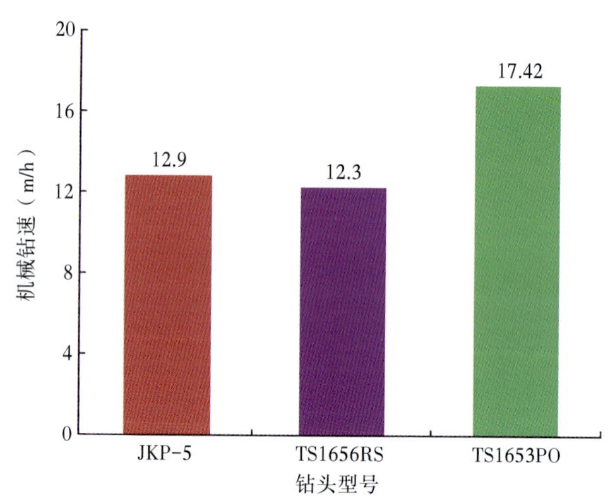

图 4　直径 215.9mm 钻头机械钻速对比图

为强化“一趟钻”，造斜段、水平段推荐采用长寿命螺杆+高稳定性 LWD 测量仪器进行施工，要求螺杆寿命在 350h 以上，减少起下钻次数。同时加大井壁修整工具、随钻井筒清洁工具等成熟工具应用力度，减少井下复杂情况发生概率，提高钻井速度，缩短钻井周期。

215.9mm 井眼钻具组合：直径 215.9mm 钻头+外径 172mm 单弯双扶螺杆（1.25°或 1.5°）+外径 172mm 浮阀+外径 165mm 随钻测井仪器+外径 139.7mm 无磁加重钻杆×1 根+外径 139.7mm 斜坡

加重钻杆×3 根+外径 165mm 震击器+外径 139.7mm 斜坡加重钻杆×6 根+外径 139.7mm（或外径 127mm）斜坡钻杆。

2.4 钻井液设计

GY3-X-X 井地层以硬脆性泥页岩为主，微裂缝、孔隙发育，易产生大的泥页岩掉块与下伏地层呈整合接触，需要重点提高钻井液井壁稳定性能，为此优选油包水钻井液体系（油水比为 80:20~90:10），具有较强的抑制性、封堵性、携岩和防塌润滑能力。

依据测井数据和实验数据，建立原始地应力与岩石强度条件下的三压力剖面有限元模型，获得单井岩石力学参数剖面，分析了随井斜角和方位角变化的坍塌压力规律，预测地层孔隙压力系数为 1.50，坍塌压力系数为 1.58。采用水平段钻井施工以防止泥页岩坍塌为主的设计思路，确定了合理钻井液密度为 1.65~1.73g/cm^3。

针对多孔多缝纹层状结构，优选微纳米封堵剂、防塌剂等，通过粒度分析和压力传递实验，选出最优粒径的封堵材料，形成合理颗粒级配，可对裂缝和层间进行封堵，实现有效填充，减小钻井液对页岩地层岩石内聚力影响，提高了岩石强度并保障了井壁稳定。同时，利用固控设备控制钻井液黏度、密度及固相含量，固控设备选择 230 目以上的筛网，充分发挥固控设备作用，及时高效清除无用固相。

油包水钻井液体系主要配方：80%~90%柴油+3.0%~4.0%主乳化剂+1.0%~2.0%辅乳化剂+1.0%~3.0%有机土+3.0%~4.0%油包水降滤失剂+1.0%~1.5%封堵剂Ⅰ型+0.7%~1.0%封堵剂Ⅱ型+（20%~40% $CaCl_2$）10%~20%水+2.0%~4.0%CaO+0.2%~0.5%润湿剂+1.0%~3.0%超细碳酸钙。

2.5 固井设计

依据 SY/T 5724—2008《套管柱结构与强度设计》及大规模压裂要求，为了确保压裂效果和施工安全，生产套管选用 Q125 型钢级、10.54mm 壁厚的套管，经济型气密封扣，抗内压强度大于 110MPa，满足压裂施工压力上限 90MPa 的需求。

针对页岩油长水平段固井特点[13-14]，通过优化固井施工参数并设计了五级组合型前置液应用方案，分析实钻井眼轨迹数据，优选采用一体式弹性扶正器，优化套管串扶正器安放位置与数量。为了降低页岩油水平井大规模压裂交变应力对水泥环的损伤，优选采用水泥石弹性模量小于 4GPa 的水泥浆体系。为了提高对高密度油基钻井液的清洗效果，优选采用具有冲洗、悬浮双重功效的表面活性剂，以及 YJC 加重钻井液冲洗液、缓凝药水，实现环空界面润湿反转，胶结强度提高 60%；引入流型调节剂，设计合理的顶替流态，提高对油基钻井液驱替效率。优选成膜防窜剂、树脂增韧剂等关键外加剂，采用新型防窜韧性水泥浆，制定了双密度三凝水泥浆方案，避免了胶凝失重造成的流体侵入，提高水泥石的抗冲击破碎能力，保证大规模体积压裂的有效性[15]。

韧性水泥浆体系主要配方：G 级水泥+25%石英砂+（0.9%~1.2%）DSJ-S 干粉速溶降失水剂（高温型）+4%增韧剂+1.5%膨胀剂+（0.05%~0.08%）高温缓凝剂。

3 实施效果

GY3-X-X 井的设计井深为 5322m，水平段长 2550m，钻完井周期为 23.55d，水平段机械钻速为 29.33m/h，油层钻遇率为 100%，水平段固井质量优质率为 92%，各项质量指标达到了设计要求。实钻过程中未发生井壁剥落、井壁失稳和井塌卡钻等复杂事故，满足了地质目的和压裂需求。

GY3-X-X 井设计与施工难度大，通过各项钻井工艺技术的设计优化，实现了大偏移距欠位移水平井钻井技术的重大突破，并探索形成了钻井配套技术。

4 结　论

（1）本文从地质和工程两个方面入手，分析了大偏移距欠位移水平井钻井存在的主要技术难点。为了有效解决这些技术难题，开展了井身结构、井眼轨道、钻具组合、钻井液及固井等方面钻井优化设计与实践研究，实现了大偏移距欠位移水平井钻井技术的重大突破，并探索形成了钻井配套技术，为实现大平台丛式水平井钻井提质增效和古龙页岩油规模化、效益化开发奠定了基础。

（2）在平台井井眼轨道设计上，采取双二维井眼轨道设计，降低钻井施工难度，在助力提速上发挥了很大作用。但是由于轨道优化设计受轨道自身参数、采油要求等多因素影响，还需要进一步优化。本文针对垂直靶前距小的三维水平井，采用了“双二维+勺型井”轨道设计方法，在降低施工难度、减少储量损失等方面具有十分重要作用。

（3）突破以往设计方法，以坍塌压力为主导因素，结合邻井实钻钻井液密度和已钻井复杂显示情况，合理设计钻井液密度，保障页岩油钻井井壁稳定。三开钻井液密度设计为 1.65~1.73g/cm^3，保障现场顺利施工，为古龙页岩油水平井后续钻井提供了技术支持。

（4）下一步将开展二开井身结构设计优化和水基钻井液矿场试验，对井眼轨道设计各个井段进行精雕细琢，充分满足地质、压裂、举升、钻井和地面要求，在降低摩阻，减少施工难度的同时，实现“一体化”设计，加强“一趟钻”钻具组合的应用推广力度，进一步实现钻井提质增效。

参考文献

［1］ 邹才能，朱如凯，白斌，等．致密油与页岩油内涵、特征、潜力及挑战［J］. 矿物岩石地球化学通报，2015，34（1）：3-17.

［2］ 孙焕泉，王海涛，杨勇，等．陆相断陷湖盆页岩油开发技术迭代与发展方向［J］. 石油勘探与开发，2024，51（4）：1-13.

［3］ 袁建强．中国石化页岩气超长水平段水平井钻井技术新进展与发展建议［J］. 石油钻探技术，2023，51（4）：81-87.

［4］ 邹才能，杨智，张国生，等．常规—非常规油气“有序聚集”理论认识及实践意义［J］. 石油勘探与开发，2014，41（1）：14-27.

［5］ 蒙启安，张金友，吴伟，等．松辽盆地北部青山口组夹层型页岩油形成地质条件及勘探潜力［J］. 大庆石油地质与开发，2024，43（3）：38-48.

［6］ 王青振．松辽盆地古龙页岩孔隙结构及分形特征［J］. 长江大学学报（自然科学版），2024，21（3）：10-19.

［7］ 刘正伟，余常燕，余琦昌，等．页岩油藏提高采收率技术现状、瓶颈及对策［J］. 化学工程师，2024，38（6）：64-68.

［8］ 黄千慧，李海波，邢济麟，等．松辽盆地页岩油藏可动油特征研究［J］. 科学技术与工程，2024，24（12）：4942-4951.

［9］ 邓云．裂缝性漏失地层钻井设计研究［J］. 西部探矿工程，2022（7）：66-67，73.

［10］ 马德新，刘军波，杨鸿波，等．长井段大尺寸井眼钻具疲劳失效分析模型建立与应用［J］. 中国海上油气，2017，29（3）：67-72.

［11］ 李绪锋，王冲，刘彪，等．基于应力分析的钻具设计方法优化［J］. 科学技术与工程，2021，21（30）：12901-12908.

［12］ 孙龙德，王凤兰，白雪峰，等．页岩中纳米级有机黏土复合孔缝的发现及其科学意义：以松辽盆地白垩系青山口组页岩为例［J］. 石油勘探与开发，2024，51（6）：1-13.

［13］ 杨智光，李吉军，杨秀天，等．页岩油水平井固井技术难点及对策［J］. 大庆石油地质与开发，2020，39（3）：155- 162.

［14］ 张峰，姬超，刘宇．长水平段水平井钻井技术难点分析及对策分析［J］. 中国石油和化工标准与质量，2024（1）：156- 158.

［15］ 吴兆亮．大庆古龙页岩油密切割体积压裂工艺参数优化探索［J］. 油气井测试，2023，32（6）：34-40.

平页 X 井组钻井实践与设计优化研究

韩德新[1]，蒲赛能[2]，杨金龙[1]，屈华业[1]，刘美玲[1]

（1. 大庆油田有限责任公司采油工艺研究院，2. 大庆油田有限责任公司页岩油勘探开发指挥部）

摘　要：大庆川渝探区作为大庆油田近年来的重点勘探开发区块，具有良好的市场前景。随着勘探开发的不断推进，钻井施工难点问题逐步凸显。了解和掌握钻井施工难点与关键技术，对进一步推进大庆川渝探区钻井技术发展和钻井设计优化具有重要意义。其中仪陇—平昌勘探项目平页 X 井组的钻探目的是进一步评价落实平页 X 井区凉高山组湖相页岩品质及其含油气性，因其属于非常规油气藏，实际钻井施工中井漏和气侵是主要的钻井难点，严重影响着钻井安全和施工效率。为此，开展针对性的钻井设计优化研究，采用封固整个低压层的方法，避免三开低压层漏失风险，将技术套管下入垂深由 2600m 左右调整至 3000m 左右；通过近平衡钻井降低实钻钻井液密度至 1.65~1.70g/cm^3 之间，降低排量至 26~29L/s 之间，起到降低钻井液当量循环密度的效果；并通过防漏堵漏技术及气侵处理技术，使漏失及气侵情况得到较好控制，为进一步优化大庆川渝探区钻井设计、保障钻井施工安全和提升钻井速度提供有力的技术支撑。

关键词：大庆川渝探区；页岩油气；裂缝；井漏；气侵；防漏堵漏；钻井设计优化

近年来，随着大庆川渝探区勘探开发的不断推进，因其特殊的地质条件，钻井施工中井漏、气测异常、油气侵、溢流等复杂情况发生较为频繁。大庆川渝探区仪陇—平昌勘探项目平页 X 井组位于大巴山前高陡构造与川中斜坡的过渡部位，主要开采评价凉高山组凉上段湖相页岩储层，地层压力较高（预测压力系数为 1.7），压力分布复杂，井漏和溢流是钻井施工的最大难题，且存在漏溢同存的施工难点。

目前页岩油气的开发以水平井为主，水平段钻井时通常使用油基（泛指柴油基、白油基和汽制油合成基等）钻井液体系[1]。由于页岩地层层理及微裂缝普遍发育，在钻井过程中极易发生油基钻井液漏失，且油基钻井液堵漏难度大。因此，通过对仪陇—平昌勘探项目平页 X 井组页岩储层漏失情况进行分析，提高油基钻井液封堵能力，降低钻井液当量循环密度，封固整个沙一段低压层，有效封隔不同压力层，是解决平页 X 井组页岩储层漏失问题的关键。

1 基本概况

大庆川渝探区仪陇—平昌勘探项目平页 X 井组位于四川省巴中市平昌县板庙镇千佛社区 3 组（距平安 1 井西北向 2.66km，与平页 X 井同井场），地面属丘陵地貌，区域属川东北低缓构造带，地面海拔为 662.32m，井组共部署 6 口水平井，目的层均为凉高山组凉上段湖相页岩储层（属非常规油气藏），地层倾角为 1.0°~3.3°，地层层序发育正常，从上至下依次发育为下白垩统天马山组，上侏罗统蓬莱镇组、遂宁组，中侏罗统沙溪庙组，下侏罗统凉高山组及自流井组。天马山组、蓬莱镇组、遂宁组预测地层压力系数为 1.0，沙溪庙组预测地层压力系数为 1.14，凉高山

第一作者简介：韩德新，1982 年出生，男，高级工程师，现主要从事钻井液与固井设计工作。

邮箱：103563220@qq.com。

组预测地层压力系数为 1.70，均设计 3 层套管井身结构，将外径为 508mm 导管（钢级 J55、壁厚 11.13mm、偏梯扣）下至天马山组（垂深在 50m 左右），封隔地表窜漏层及垮塌层；将外径为 339.7mm 表层套管（钢级 J55、壁厚 10.92mm、偏梯扣）下至蓬莱镇组稳定地层（垂深在 520m 左右），封隔可能存在的浅层地下水及窜漏垮塌层；将外径为 244.5mm 技术套管（钢级 P110、壁厚 11.99mm、气密封扣）下至沙溪庙组沙一段上部（垂深在 2600m 左右），封隔上部相对低压层；将外径为 139.7mm 生产套管（钢级 125V、壁厚 10.54mm、气密封扣）下至凉高山组凉上段，设计水平段长为 1101～2201m，设计完钻垂深为 3103～3215m，导管和一开设计聚合物钻井液体系，二开设计氯化钾聚合物钻井液体系，三开设计白油基钻井液体系，完钻层位均为凉高山组凉上段。平页 X 井地层分层数据见表 1，平页 X 井组井口分布与水平投影分别见图 1 和图 2。

表 1 平页 X 井地层分层数据表

<table>
<tr><th colspan="4">地层</th><th rowspan="2">岩性</th><th rowspan="2">垂深（m）</th><th rowspan="2">垂厚（m）</th><th rowspan="2">故障提示</th></tr>
<tr><th>系</th><th>统</th><th>组</th><th>段</th></tr>
<tr><td>白垩系</td><td>下统</td><td>天马山组</td><td></td><td>粉砂岩、泥质粉砂岩、泥岩</td><td>275</td><td>265</td><td>防漏防塌</td></tr>
<tr><td rowspan="6">侏罗系</td><td rowspan="2">上统</td><td>蓬莱镇组</td><td></td><td>泥岩、砂质泥岩与灰色粉砂岩、泥质粉砂岩不等厚互层</td><td>830</td><td>555</td><td rowspan="2">防漏防塌防喷</td></tr>
<tr><td>遂宁组</td><td></td><td>泥岩夹泥质粉砂岩及粉砂岩</td><td>1265</td><td>435</td></tr>
<tr><td rowspan="2">中统</td><td rowspan="2">沙溪庙组</td><td>沙二段</td><td>泥岩、含粉砂质泥岩与细粒长石砂岩不等厚互层，间夹粉砂岩及泥质粉砂岩，底部为深灰色叶肢介页岩</td><td>2470</td><td>1205</td><td rowspan="2">防漏防喷防塌</td></tr>
<tr><td>沙一段</td><td>泥岩、泥质粉砂岩为主，夹粉细粒长石岩屑砂岩、长石岩屑石英砂岩</td><td>3002</td><td>532</td></tr>
<tr><td rowspan="2">下统</td><td rowspan="2">凉高山组</td><td>凉上段</td><td>页岩、灰色长石岩屑砂岩</td><td>3156</td><td>154</td><td rowspan="2">防漏防喷防卡</td></tr>
<tr><td>凉下段</td><td>页岩、砂质页岩夹粉砂岩、泥质粉砂岩</td><td>3218</td><td>62</td></tr>
</table>

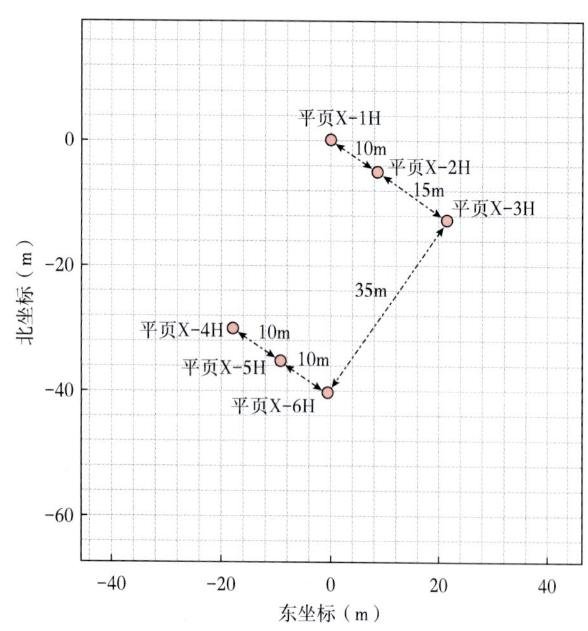

图 1 平页 X 井组井口分布图

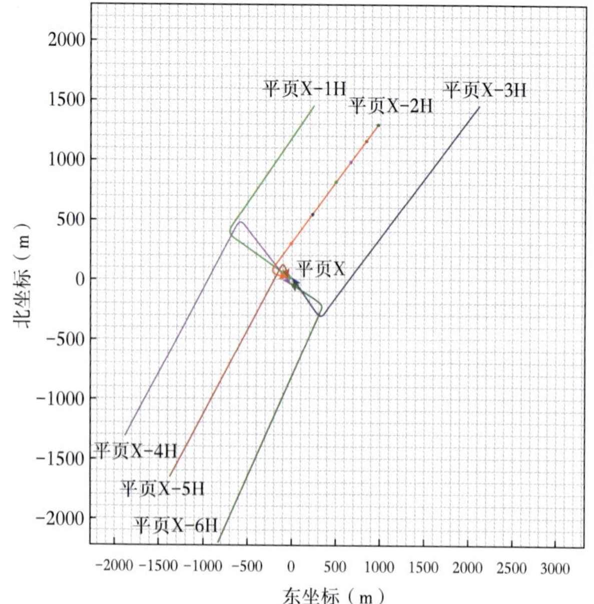

图 2 平页 X 井组水平投影图

平页 X 井组为试验井，凉高山组凉上段主要发育浅—半深湖泥页岩、浅湖沙坝、席状砂；岩性主要为暗色泥页岩夹浅灰色粉细砂岩，常见薄中层状的介壳灰岩、植物碎屑等；凉上段页岩各小层平均有效孔隙度在 1.55%~4.23%之间，其中凉上 1-1 小层平均有效孔隙度最大为 4.23%，有效孔隙度整体呈现出随深度增加而增大的趋势；凉上段厚度为 60~187m，厚度变化趋势为从西向东或自北而南逐渐加厚；预计井组最高地层压力在 51.90~53.62MPa 之间（凉高山组）。根据邻井平安 1 井、界牌 1 井、龙岗 42 井气分析资料，该区凉高山组以上地层不含 H_2S，CO_2 含量在 0.168%~0.18%之间。依据《集团公司井控风险评估分级量化标准》，平页 X 井组属于钻井井控三级风险井。

2 地质特点

依据平安 1 井、平页 X 井的实钻情况及地质资料，分析平页 X 井组地质特点：一是蓬莱镇组、遂宁组、沙溪庙组发育浅气层，易气侵；二是天马山组、蓬莱镇组、遂宁组预测地层压力系数为 1.0，沙溪庙组预测地层压力系数为 1.14，地层压力较低，易井漏；三是凉高山组预测地层压力系数为 1.70，地层压力较高，且凉上段各小层的断裂及裂缝全区均有不同程度发育，存在溢流、井漏同存的情况；四是凉高山组为窄密度窗口地层，井控风险高；五是井组水平段终靶点后端发育 1 条断层，断距在 5~40m 之间，平页 X-4H 井水平段钻遇 2 条断层，断距在 5~8m 之间，易发生井漏及漏后油气侵、溢流、井涌的情况。

3 现场钻井复杂情况及钻井施工难点

3.1 现场钻井复杂情况

依据平页 X 井组前 3 口井的实际钻井施工情况，总结该井组最突出的问题是三开井漏。当钻井液密度高于 1.72g/cm^3 时，地层漏失严重，甚至发生失返性漏失；为了控制漏失情况，又会降低钻井液密度，导致起下钻后气侵严重、烃含量高（最高达 100%）。

平页 X-3H 井三开漏失主要发生在水平段前，为平衡地层压力，在进入凉高山组前不断尝试提高钻井液密度（目的层设计密度为 1.77~1.95g/cm^3），实钻钻井液密度从 1.60g/cm^3 提高到 1.80g/cm^3，从而漏失频繁，当实钻中密度大于 1.72g/cm^3 后，地层漏失严重，后调整实钻密度在 1.71~1.72g/cm^3 之间完钻。

平页 X-6H 井三开自井深 3023m 后全井段漏失严重，漏失情况无法得到有效控制。自井深 3306m 后持续存在钻井液渗漏情况，边渗漏边钻进，维持钻井液中 10%以上的随钻堵漏材料。钻至井深 5213m 处，因井漏和气侵严重提前完钻，实钻密度在 1.65~1.70g/cm^3 之间完钻。

平页 X-2H 井三开自井深 3220m 后发生漏失，经处理漏失得到控制。自井深 3485m 后持续存在钻井液渗漏，边渗漏边钻进，维持钻井液中 10%以上的随钻堵漏材料，实钻密度在 1.65~1.70g/cm^3 之间完钻。具体井漏及处理见表 2。

表 2　平页 X 井组 3 口井三开井漏情况及处理技术统计表

序号	井号	井深（m）	层位	井漏（次）	密度（g/cm^3）	漏失量（m^3）	损失时间（d）	处理技术
1	平页 X-3H	2890~5540	沙一段、凉上段	9	1.60~1.80	209.3	10.89	随钻堵漏、桥浆憋压挤堵、桥浆循环堵漏、水泥憋压堵漏、随钻循环堵漏、降密度、降排量
2	平页 X-6H	3023~5213	沙一段、凉上段	12	1.65~1.70	1096.4	40.04	桥浆憋压挤堵、桥浆循环堵漏、水泥憋压堵漏、随钻堵漏、随钻循环堵漏、降密度、降排量
3	平页 X-2H	3220~4650	凉上段	8	1.65~1.70	563.6	4.89	随钻堵漏、桥浆憋压堵漏、随钻循环堵漏、降密度、降排量

3.2 现场钻井施工难点

根据平页X井组前3口井的实际钻井施工情况分析，总结出钻井施工主要有两处难点：

一是沙溪庙组沙一段和凉高山组凉上段三开井漏严重，造成钻井成本增加和钻井周期延长。当三开钻井液密度高于1.72g/cm^{3}时，地层漏失严重，甚至发生失返性漏失。

二是凉高山组凉上段起下钻后气侵严重、烃含量高（最高达100%）、点火次数多、燃烧时间较长，严重影响钻井井控安全和钻井施工速度。特别是平页X-6H井以1.65g/cm^{3}的钻进密度钻至井深5212.47m时，发生井漏及气侵（烃含量最高达100%），经降排量、提高密度、循环堵漏和循环排气点火处理，钻井液池液面稳定，井漏及气侵得到控制。后试钻进至井深5213m时，再次发生井漏及气侵（排量为26.3L/s，漏速为5.2m^3/h），因井漏和气侵严重处理困难，继续钻进安全隐患大，后经甲方批复提前完钻。

4 现场钻井关键技术

针对页岩储层在钻井过程中油基钻井液漏失和气侵严重的问题，结合现场防漏堵漏及气侵处理所做的主要工作，总结出相应的油基钻井液防漏堵漏技术和气侵处理技术，增强了页岩储层裂缝漏失的防漏堵漏效果和气侵处理能力，提高了现场复杂情况的处理效率，确保了钻井井控安全。

4.1 防漏技术

（1）添加封堵剂提高地层承压能力。在三开施工过程中按照8%的含量添加超细碳酸钙和纳米级封堵材料，提高钻井液封堵性能、防止漏失。

（2）合理控制钻井液性能，控制低静切力及低黏度，能降低启动泵压和循环泵压，降低环空钻井液当量循环密度，防止漏失发生。调整六速旋转黏度计读数大于8，维持良好的携岩能力，清除岩屑床。

（3）精细化操作，防止人为漏失。当钻井液长时间静止后，由于黏切较高，开泵需要遵循低泵冲顶通、逐级提排量的原则，同时用胶液维护等方式降低黏切、环空压耗，防止漏失。

（4）储备充足的堵漏材料。保证钻进过程中渗漏随堵材料的加入、专项堵漏时颗粒之间的配伍。

（5）提前配制堵漏浆。在地面钻井液储备罐中配制堵漏浆，加入非膨胀性堵漏材料，以便在发生井漏时能快速进行堵漏，提高堵漏效率。

（6）采用重稠浆循环携砂。在漏层前50m，采用重稠浆循环携砂，降低环空岩屑浓度的方式降低井底钻井液当量循环密度，降低漏失风险。

（7）降低钻进排量。当钻进至漏层前20m时，适当降低钻进排量，平稳操作，缓慢开泵，避免过高的激动压力，降低漏失风险，待穿过漏层30m后再提高排量恢复正常钻进。

4.2 堵漏技术

平页X井组已钻井在钻井施工中漏失严重，通过应用“随钻堵漏、桥浆堵漏、水泥堵漏”等成熟堵漏技术，以及降密度、降排量等措施，漏失情况得到一定控制，但未能杜绝漏失，特别是平页X-6H井和平页X-2H井在水平段钻进中持续存在渗漏。应用随钻堵漏技术时钻井液中随钻堵漏剂质量分数在15%~20%之间，具体配方示例为5%广谱暂剂（400目）+3%钻井液用堵漏剂纤微聚合物颗粒（30~200目）+5%超细碳酸钙+3%竹纤维；应用桥浆堵漏技术时堵漏浆总质量分数为25%，具体配方为5%广谱暂剂（400~800目）+5%钻井液用堵漏剂纤微聚合物颗粒（30~200目）+5%果壳（20~40目）+3%钻井液用堵漏剂刚性矿物颗粒（0.5~2mm）+4%钻井液用堵漏剂刚性矿物颗粒（0.3~0.9mm）+3%钻井液用堵漏剂刚性矿物颗粒（0.2~0.5mm）；应用水泥堵漏技术时使用密度为1.90g/cm^{3}的水泥浆加缓凝剂和消泡剂进行固井打塞。堵漏剂封堵过程见图3。

4.3 气侵处理技术

平页X井组已钻井在钻井施工过程中，因控制井漏，降低钻井液密度，导致起下钻后气侵严重。现场钻井液气侵的处理技术主要包括关井、提高钻井液密度、除气和适当采用节流循环。当井内钻井液被气侵时，首先采取关井的措施。如果关井立压等于 0，则只需对被气侵的钻井液使用液气分离器进行除气处理；如果关井立压大于 0，则需要提高钻井液密度，同时对被气侵的钻井液使用液气分离器进行除气处理，并点火燃烧，且严禁在除气操作过程中进行钻进施工。此外，适当采用节流循环也有助于除气操作。

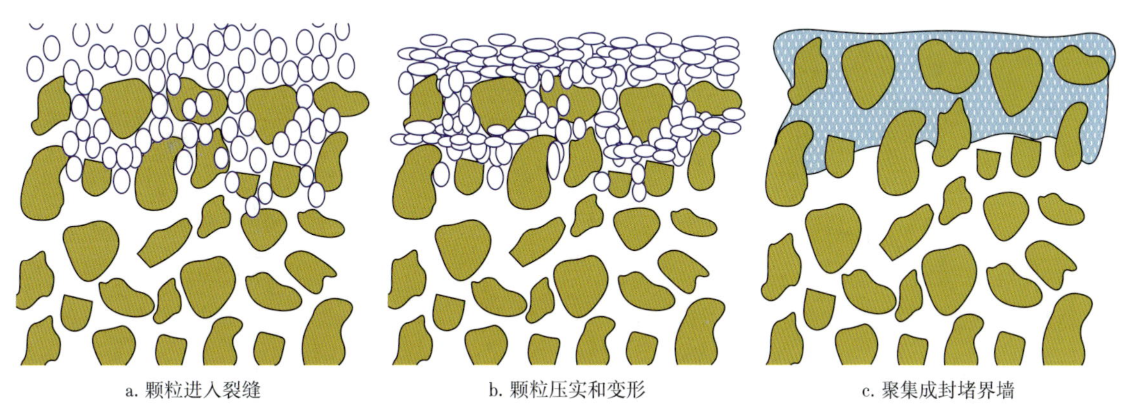

图 3　堵漏剂封堵过程示意图

5 钻井设计优化研究

为了解决大庆川渝探区仪陇—平昌勘探项目平页 X 井组湖相页岩储层钻井过程中遇到的钻井问题，开展针对性的钻井设计优化研究[4]，通过强化地层压力预测精度、优化技术套管下入深度、三开钻井液密度、三开固井工艺和设计精细控压钻井技术、优选钻头等方法，进一步优化大庆川渝探区钻井设计，达到保障钻井施工安全和提升钻井施工效率的目的。

5.1 强化地层压力预测精度

平页 X 井组钻井设计中凉高山组预测压力系数为 1.70，设计钻井液密度在 1.77~1.95g/cm³ 之间。平页 X-3H 井三开进入水平段前实钻密度在 1.72~1.80g/cm³ 之间，钻进过程中频繁发生井漏，且漏失严重，甚至发生失返性漏失，严重影响钻井井控安全和钻井施工速度；后通过“随钻堵漏、桥浆堵漏、水泥堵漏”等成熟堵漏技术，以及降密度、降排量等措施，漏失得到控制；当平页 X-3H 井三开进入水平段钻进时，钻井液密度控制在 1.71~1.72g/cm³ 之间完钻，并相应降低排量和加入随钻堵漏剂，期间发生 3 次渗漏，漏失情况明显降低，向井浆中补充随钻堵漏剂后，随钻堵漏成功。同时平页 X-2H 井和平页 X-6H 井水平段密度均控制在 1.65~1.70g/cm³ 之间完钻，漏失频率明显降低。

需要依据已钻井实钻密度、显示情况和测井资料强化地层压力预测精度研究，通过应用地层压力精细预测技术，精细分析及预测地层压力，为降低待钻井的钻井液密度提供依据，进而减轻漏失，降低钻井施工风险。

5.2 优化技术套管下入深度

平页 X 井组技术套管实际下入深度至垂深 2600m 左右（沙一段上部），平页 X-3H 井和平页 X-6H 井三开在沙一段均发生井漏；平页 X-6H 井自井深 3306m 后持续存在渗漏，平页 X-2H 井自井深 3485m 后持续存在渗漏；漏失原因可能与技术套管未能封固整个沙一段低压层有关（地层压力系数为 1.14）。

为减少三开漏失风险，通过优化井身结构设计，对技术套管下入深度进行优化调整，优化后的技术套管下入垂深由 2600m 左右调整至 3000m 左右，技术套管下深至沙一段底部，封固整个沙一段低压层，有效封隔沙一段低压层和凉高山组高压层（地层压力系数为 1.70）不同压力层系，进一步保障三开钻井施工的安全性和高效性。

5.3 优化三开钻井液密度

平页 X 井组凉高山组地层压力当量密度为 1.70g/cm³，按照气井安全附加值原则，钻井液密度设计附加值为 0.07～0.15g/cm^3，平安 1 井水平井眼钻井液密度为 1.87～1.93g/cm^3，钻进时见多段气测异常显示。依据气井钻井液密度设计附加值和平安 1 井水平井眼实钻钻井液密度，三开凉高山组地层设计钻井液密度为 1.77～1.95g/cm^3，完全符合钻井井控安全要求。

平页 X 井组三开实际钻井施工中，当钻井液密度高于 1.72g/cm^3 时，地层漏失严重，甚至发生失返性漏失，而后通过堵漏处理、降低钻井液密度、降排量和加入随钻堵漏剂等措施，钻井液漏失情况得到有效控制。其中平页 X-3H 井水平段钻井液密度控制在 1.71～1.72g/cm^3 之间完钻，平页 X-6H 井和平页 X-2H 井水平段钻井液密度控制在 1.65～1.70g/cm^3 之间完钻，漏失情况明显减少。

因此，根据实际井漏情况及实钻钻井液密度分析，凉高山组凉上段实钻钻井液密度应控制在 1.65～1.70g/cm^3 之间，进行近平衡钻井，并在钻井液中加入质量分数为 15%～20%的随钻堵漏剂，适当控制排量，降低钻井液当量循环密度，可以起到一定防漏堵漏的效果，同时做好烃值监测和循环除气工作，确保钻井井控安全。

5.4 优选钻头

平页 X 井组钻井三开整体钻速较慢，平页 X-3H 井平均钻速为 5m/h、平页 X-2H 井平均钻速为 3.6m/h、平页 X-6H 井平均钻速为 4.53m/h。分析其钻速慢的主要原因为：一是砂岩地层研磨性强，可钻性差；二是 PDC 钻头在软硬交错的泥岩与砂岩中穿行导致复合片受冲击被破坏；三是因漏失降排量至 26～29L/s 钻进，井下动力钻具转速降低。例如平页 X-2H 井在砂岩层钻进时，平均钻速仅为 2.46m/h（井段为 3382～3771m）。

平页 X-3H 井三开钻进中，上部砂岩层使用史密斯 NZ516 型号五翼 PDC 钻头时，平均钻速为 2.86m/h，钻头破坏岩石效果不佳；后分别选用百施特 TS516 型号五翼 PDC 钻头（图 4）和百施特 T613 型号六翼 PDC 钻头（图 5）进行下部砂岩层钻进施工，平均钻速分别为 3.19m/h 和 3.12m/h；优选钻头后，平均钻速分别提高 11.54% 和 9.09%。

应持续开展钻头选型工作，提高钻头对砂岩地层的可钻性及耐磨性，同时强化钻井参数设计，为实现快速钻井提供有力支撑。

图 4　百施特 TS516 钻头实物图

图 5　百施特 T613 钻头实物图

5.5 优化三开固井工艺

平页 X 井组已钻井在实际施工中漏失严重，实钻钻井液密度在 1.65~1.70g/cm³ 之间，密度相对较低时，漏失情况得到有效控制，若全井采用原浆固井，易压漏地层，导致固井过程中发生漏失，影响固井质量和效率。实际施工中平页 X-3H 井和平页 X-6H 井采用常规正注单级双胶塞固井工艺，使用双密度双凝水泥浆体系固井，领浆为密度 1.65g/cm³ 的缓凝低密度防气窜水泥浆体系，尾浆为密度 1.90g/cm³ 的常规增韧防气窜水泥浆体系，均一次性正注返出，无漏失，确保了三开固井安全施工。

通过开展三开固井工艺技术分析，全井原浆固井易造成生产套管固井水泥浆漏失，无法保证生产套管封固质量。三开固井设计采用双密度双凝水泥浆体系，领浆为密度 1.65g/cm³ 的缓凝低密度防气窜水泥浆体系，尾浆为密度 1.90g/cm³ 的常规增韧防气窜水泥浆体系，可降低液柱压力和预防气体上窜，达到避免生产套管固井漏失和提高固井质量的目的。

5.6 设计精细控压钻井技术

平页 X 井组已钻井在实际施工中漏失严重、漏失量大，通过应用“随钻堵漏、桥浆堵漏、水泥堵漏”等成熟堵漏技术，以及降密度、降排量等措施，漏失情况得到一定控制，但未能杜绝漏失。为进一步控制井漏情况及降低漏失量，需进一步降低钻井液密度，同时考虑气侵因素，需要增加井口压力，以确保钻井井控安全。

目前，精细控压钻井技术应用十分成熟，主要应用于储层密度窗口窄或不存在密度窗口的井，在钻进、接立柱等过程中保持井底压力恒定，避免因压力波动造成漏喷转换出现的井下复杂问题。精细控压钻井技术是一种钻井过程控制技术，主要是通过井底压力监测系统、井口回压泵系统和旋转控制装置等核心装备，实现对井底压力的监测和控制[6-7]。当钻井液密度降低时，井底钻井液当量循环密度相应降低，不能平衡地层孔隙压力，而导致地层流体进入井筒，这时在精细控压钻井系统核心装备的协同作用下，井口产生一定大小的回压后，可使井底压力重新恢复平衡，保障钻井过程的安全性和高效性。

因此，设计应用精细控压钻井技术，通过合理调节钻井液密度和井口回压，保持井筒压力在密度窗口范围内，能有效预防和控制井漏与气侵，降低井下复杂风险，达到减少漏失情况、降低漏失量、控制气侵程度及缩短钻井周期的目的。精细控压钻井系统构成如图 6 所示。

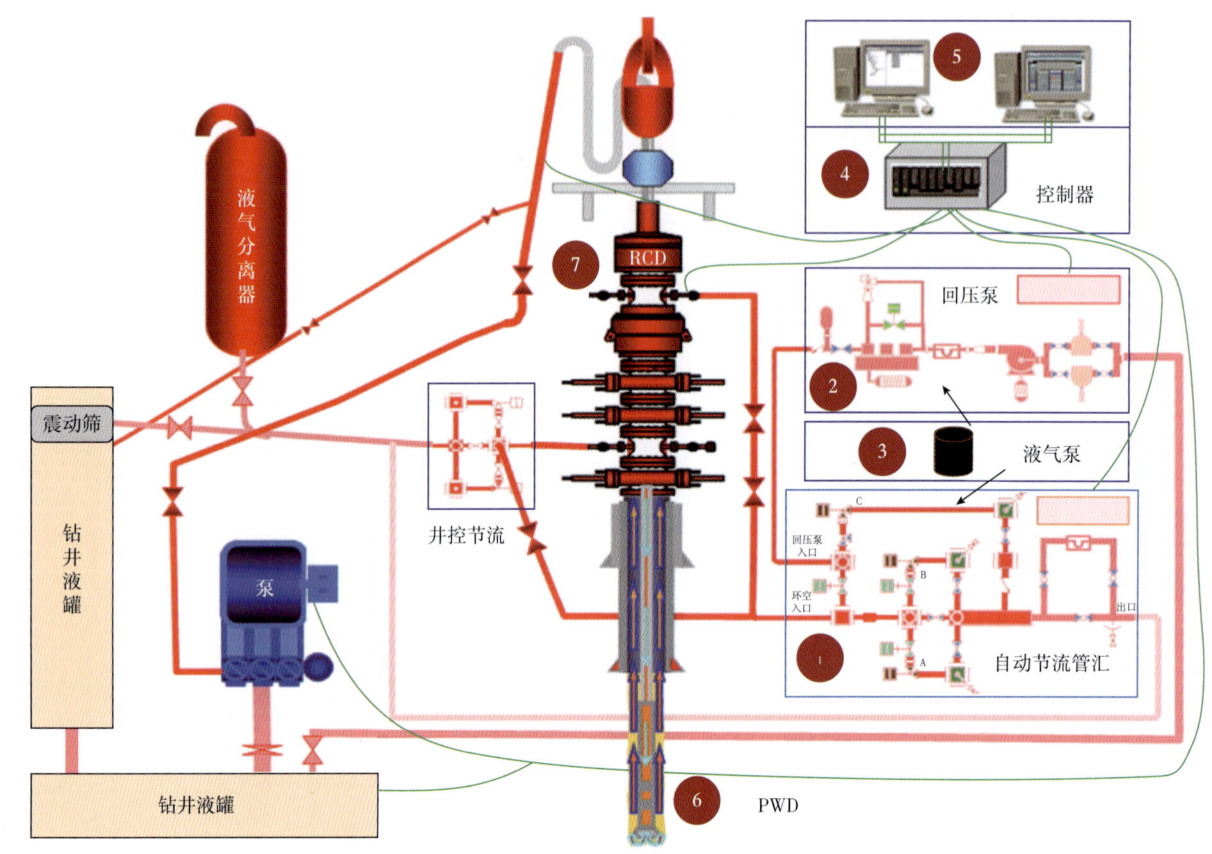

图 6　精细控压钻井系统构成示意图

1—自动节流管汇；2—回压泵系统；3—液气控制系统；4—监测及自动控制系统；5—自动控制及应用软件；6—井底压力监测工具 PWD；7—旋转控制装置 RCD

6 结　论

（1）优化井身结构设计，调整技术套管下入深度，封固整个沙一段低压层，可解决三开油基钻井液在上部低压层的漏失问题。

（2）降低三开钻井液密度、适当控制排量，可降低钻井液当量循环密度；同时在钻井液中加入随钻堵漏剂，能起到一定的防漏堵漏效果，但未能完全杜绝漏失，需要开展防漏堵漏科研攻关，提升防漏堵漏效果，为钻井提速提供技术保障。

（3）通过持续优选钻头和设计精细控压钻井技术，可为预防井漏和钻井提速工作提供新的途径，进一步确保钻井施工的安全性和高效性，对完善钻井设计和钻井安全提速工作具有重大意义。

参考文献

[1]　李科，贾江鸿，于雷，等．页岩油钻井漏失机理及防漏堵漏技术［J］．钻井液与完井液，2022，39（4）：446-450.

[2]　王楠男．大庆油田古龙页岩油钻井液技术研究与应用［J］．西部探矿工程，2021，33（11）：91-92.

[3]　郭鹏，彭波，崔海涛，等．吉木萨尔页岩油水平井油基钻井液封堵技术研究与应用［J］．中国石油和化工标准与质量，2022，14：140-142.

[4]　刘建华，牛福喜，王文朋，等．大庆古龙陆相页岩油优快钻井工艺探讨［J］．石化技术，2022，29（12）：126-127.

[5]　迟建功．大庆古龙页岩油水平井钻井技术［J］．石油钻探技术，2023，51（6）：12-17.

[6]　周峰，左星，李明宗．精细控压钻井技术在高石 001-H2 井的实践与认识［J］．钻采工艺，2017，40（5）：19-21.

[7]　刘宇，张峰，姬超．精细控压钻井技术在高温高压井钻井中的应用［J］．中国石油和化工标准与质量，2024，44（2）：193-195.

松辽盆地致密油钻井技术难点与对策

程 岩

（中国石油大庆钻探工程有限公司）

摘 要：近年来，松辽盆地常规油气资源接续不足，非常规致密油气资源勘探开发逐步增加，但受限于致密油地质埋藏及储层发育特点，钻井过程中出现了不同程度的问题，制约了钻井高效施工。因此，开展了致密油随钻测量仪器LWD稳定性提升、提速工具研发及钻井液优化技术研究与应用，随钻测量仪器LWD单井误工率降低了23.31%，水平段平均井径扩大率由8.63%下降至7.56%，平均钻井周期缩短10.08d，平均钻完井周期缩短13.49d，形成了高质高效的钻井工程技术系列，为致密油薄差储层经济有效开发提供了支撑。

关键词：致密油；薄差储层；水平井；随钻测量仪器LWD；钻井液优化

松辽盆地致密油是大庆油田增储上产的接续资源，近些年来致密油气资源开发规模不断提高，钻井任务量相对饱满，钻井施工基本满足勘探开发的需求，但是在钻井施工中也存在随钻测量仪器LWD稳定性差、水基钻井液适应性差等问题，制约了致密油高效开发，因此，有必要开展致密油钻井技术优化研究，以保障致密油的效益开发。

1 松辽盆地致密油钻井难点及问题

松辽盆地致密油主要以薄差储层为主，分布在大庆油田三肇凹陷、长垣中南段及齐家—古龙地区，埋深为1650～2230m，温度梯度为4.6～5.3℃/100m，以泉头组扶余—杨大城子（简称扶杨）油层为主。泉头组以泥岩和砂泥岩互层为主，地层平均可钻性级值为4.81±0.5，平均硬度为776～1715MPa，孔隙压力当量密度为0.95～1.26g/cm^3，坍塌压力当量密度最高为1.45g/cm^3[1-2]。

1.1 钻井地质难点

松辽盆地致密油钻井地质难点主要包括以下4点：

（1）致密油区块上部嫩江组—姚家组地层埋藏浅，大段泥岩易水化膨胀缩径。

（2）致密油区块青山口组泥页岩页理极其发育，易发生井壁剥落。

（3）致密油区块泉头组泥岩塑性强，可钻性差；泉头组目的层砂泥岩交界处胶结强度差，易发生井壁剥落。

（4）水平井目的层薄、横向变化快、储层发育连续性差，钻井过程中轨迹不平滑、调整频繁、摩阻扭矩大[3-4]。

1.2 钻井施工存在问题

1.2.1 随钻测量仪器LWD故障率高

2021—2022年，松辽盆地致密油钻井施工80口水平井，钻井过程中随钻测量仪器LWD发生故障26次，误工时间累计52.72d，误工时间占比二开生产时间5.12%，平均单井误工0.66d，严重影响钻井提速提效（表1）。

表1 随钻测量仪器LWD误工统计表

年度	施工井数（口）	故障次数（次）	误工时间（d）	故障率（%）
2021	46	15	35.26	2.31
2022	34	11	17.46	1.72
合计	80	26	52.72	4.03

基金项目：国家科技重大专项“松辽盆地致密油开发示范工程”（2017ZX05071）。

作者简介：程岩，1982年生，男，工程师，现主要从事钻井技术管理工作。

邮箱：422023439@qq.com。

1.2.2 钻井液适应性差

以往在致密油施工中应用的低固相盐水钻井液，应对“青山口组及泉头组井壁失稳、泉头组目的层砂泥岩交界处胶结强度差易井壁剥落”问题的能力较差，导致起钻及通井困难，个别井发生划出新井眼、卡钻等井下复杂情况，钻井复杂率高。虽然通过技术攻关，一定程度上提升了钻井液的抑制性与封堵能力，但仍存在如下3方面问题，导致钻井液无法满足安全高效施工（表2）。

（1）三开钻遇泥岩段，抗黏土侵能力较差，钻井液流变性控制难，有时只能靠大量置换钻井液来调整性能，增加了钻井液消耗量和成本。

（2）泥岩吸水膨胀，造成泥岩缩径、起下钻遇阻卡等复杂情况发生。

（3）钻井液润滑性和携岩能力差，摩阻和扭矩大，以及井眼净化困难，导致后续作业难度增大，甚至提前完钻。

表2 致密油水平井误工时效统计表

井号	钻井液	误工原因	耽误时效（d）
F38-平1	低固相氯化钾钻井液	井下青山口组裸眼井段因浸泡时间长，引起井壁部分失稳，导致阻卡	7.60
Y151-平6	高性能水基钻井液	目的层钻进时，井壁失稳、发生井塌（返出大量5~6.5cm泥岩掉块）	3.00
Q平2-平10	高性能水基钻井液	泥岩井段缩径划眼	4.00
L26-平41井	高性能水基钻井液	造斜段阻卡现象，划眼处理	1.50
P483-扶平1	低固相氯化钾钻井液	划出新井眼，井眼报废	11.26
P204-扶平1	低固相氯化钾钻井液	摩阻大，反复通井，提前完钻	6.23
P34-1	LATIDRILL水基钻井液	青山口组井壁失稳	5.60
P平10	EVOLUTION水基钻井液	青山口组井壁失稳	8.69

2 松辽盆地致密油钻井技术优化

通过研究随钻测量仪器LWD的稳定性、提速工具及高性能的钻井液技术，形成了一套精准导向、优快钻井、地质工程一体化的综合配套技术，进一步完善提升了致密油水平井钻完井技术水平，实现了储层经济有效开发。

2.1 随钻测量仪器LWD稳定性技术优化

2.1.1 电气元件连接技术

高频同轴插针、数据插针、斜插头等电气元件，受井下高温高压条件及钻具振动的影响，电气元件连接失效，导致仪器发生故障[5-6]。

（1）插针稳定性对策：①保证插针安装部位的加工质量，确保插针同心配合，轴向到位。②优化同轴插针的结构，由组装式结构优化为整体式结构，解决内部连接器井下振动脱落的问题。③安装前进行绝缘阻抗和插拔力测试。

（2）斜插头稳定性对策：①保证斜插头装配部位的加工质量。②优化斜插头结构与装配工艺。③每次维修故障仪器时，均测量此处绝缘阻抗，解决绝缘阻抗下井前后下降幅度较大的问题。

2.1.2 电阻率天线调谐技术

电阻率天线匹配性调谐的好坏，直接决定了电阻率的测量精度和测量一致性。以往天线调谐主要依靠技术人员的经验，通过改变匹配电路板上的电容逐步进行天线的调谐，工作效率低，测量精度和测量一致性难以得到保证。

以工作良好的仪器的天线谐振频率为标准，采用数字电桥分别确定电阻率天线的相位零点对应的频率，通过公式计算出应焊接的电容值，并将其焊接到相应天线的匹配电路板上，快速完成电阻率天线的调谐，保证测量精度和测量一致性，同时提高工作效率和电路板互换性。

2.1.3 伽马模块计数检测及测量值校验技术

（1）计数检测技术：研制盖革米勒管计数检测装置，组装前利用检测装置对每支盖管进行计数检测，将计数值一致性在10%以内的盖管组装在一起，保证了 2 组伽马传感器测量数值的准确性（每组 8 支，共计 16 支）。

（2）测量值校验技术：伽马模块完成标定后，直接进行整串仪器装配，存在仪器刚下钻到井底伽马测量数据不准确的情况。针对这一问题，增加了标定后的准确性验证环节。将伽马源钍毯（240.2API）放置在盖管外侧，通过上传的伽马数值来验证伽马模块的工作是否正常。

2.1.4 电路板检测技术

在现有高温与振动复合实验台检测设备的基础上，通过改变实验参数、工艺等手段，完善了电路板高温与振动复合检测技术。采用高低温测试箱进行电路板高低温循环、高温老化实验，验证元器件焊接质量和高温条件下工作能力，对焊接问题和早期失效元器件进行筛选。

2.1.5 电阻率模块测量数据校验技术

采用盐水罐实验装置对电阻率模块的测量数据进行校验，该装置主要由混合罐、刻度罐、水泵、电机、出水阀、测试口阀等部件组成，在混合罐内配制不同质量分数的盐水，在刻度罐内进行电阻率数据的校验（工业用盐 50kg，满足 2 次校验需求）。

电阻率模块完成测试、标定后，采用配制盐水对其测量数据的准确性进行校验。通过改变盐水质量分数来改变盐水的电阻率值，电阻率值由高到低，相较于电导仪测量的电阻率，超浅电阻、浅电阻、中电阻、深电阻点的电阻率平均测量误差分别为 14.72%、10.77%、13.53%、12.75%，满足标准要求，电导仪与电阻率仪器 4 点测量电阻率随盐水质量分数变化曲线如图 1 所示。

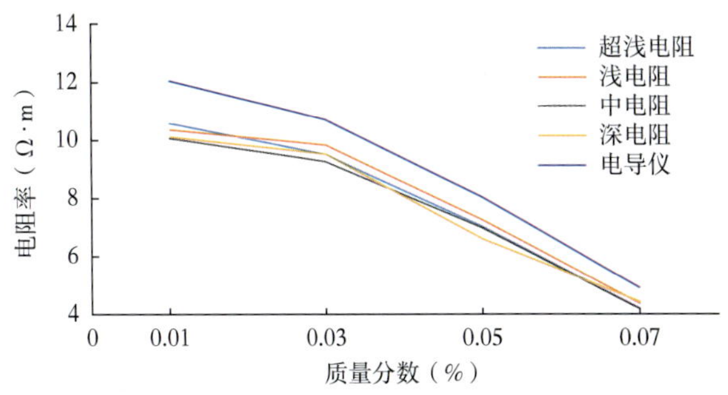

图 1　电阻率随盐水质量分数变化曲线图

2.2 提速工具研发

2.2.1 岩屑床清除器设计

针对大斜度井岩屑粒径分布状态，岩屑床清除器（图 2）前、后分别设计旋向相反的螺旋翼，将岩屑胶结体进行一次破坏后，再利用中间 V 型槽螺旋翼进行二次粉碎，充分破碎后形成小粒径岩屑在轴向螺旋力的作用下悬浮在环空中，随钻井液循环返出井眼。岩屑床清除器尺寸参数如表 3 所示。

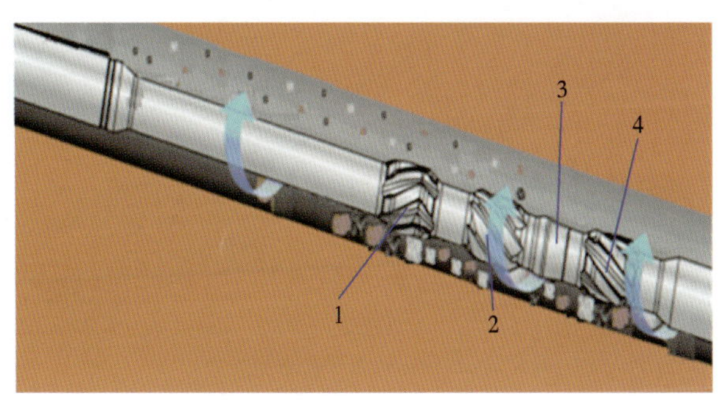

图 2　岩屑床清除器结构示意图

1—后端螺旋翼；2—V 型槽螺旋翼；3—锥面；4—前端螺旋翼

表 3　岩屑床清除器尺寸参数表

工具总长（有效长度）(mm)	2885.7
上部扣型	NC50（410）
螺旋翼直径（mm）	190
本体直径（mm）	127
总质量（kg）	307.6
下部扣型	NC50（411）
搅拌翼直径（mm）	178
适合钻头尺寸（mm）	215.9

（1）V 型槽设计，利用井眼清洁软件模拟井下工况表明，流经 V 型槽螺旋翼的钻井液流体形态由层流变为紊流，流速提高 80%，可有效提高沉积岩屑清除效率。

（2）旋翼设计，旋翼表面铺焊粒径为 8～10mm 硬质合金块，用以提高沉积岩屑的破碎效果，右旋部分可增大对岩屑床的冲击和摩擦，可粉碎大块坚硬的岩屑。

2.2.2 减阻防磨工具研发

减阻防磨工具主要由心轴和外滑套组成（图 3），二者之间采用滑动轴承设计和开式的钻井液润滑方式。在钻井过程中，该工具在钻具和套管之间形成支撑，避免了钻具接头对套管的磨损，同时也有效降低钻井扭矩。减阻防磨工具参数如表 4 所示。

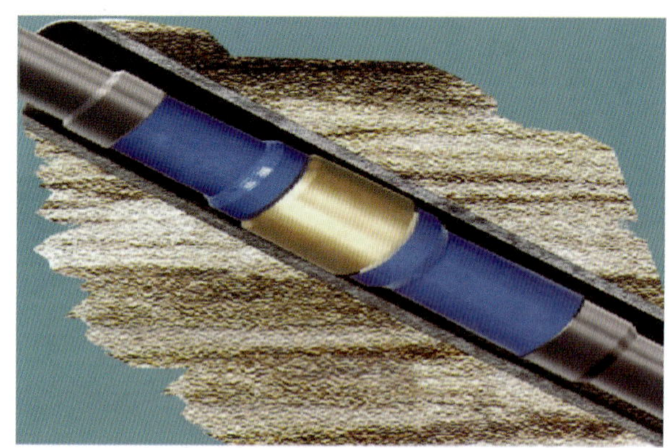

图 3　减阻防磨工具结构示意图

表 4　减阻防磨工具参数表

型号	FMJ-197
外径（mm）	197
扣型	NC50
长度（mm）	900
通径（mm）	75
上扣扭矩（kN · m）	35.5

2.3 钻井液优化

针对低固相氯化钾盐水钻井液在致密油水平井应用过程中易出现井壁剥落掉块、固相侵入后流变性控制困难、水平段摩阻大等问题[7-8]，利用正交实验分析法，明确了不同处理剂对钻井液性能的影响。通过优选低分子聚合物降滤失剂、引入有机盐、优选抗盐极压润滑剂等措施，提高了钻井液综合性能。

2.3.1 抗污染性能优化

（1）不同聚合物抗污染性能评价。

针对致密油水平井盐水钻井液在施工后期大量岩屑侵入后存在流变性不稳定的问题，开展了钻井液抗污染性能评价。钻井液抗土侵实验结果表明，低固相氯化钾聚合物钻井液抗土侵能力在 10%以内，超过固相容量限后，流变性能迅速恶化。

为解决低固相氯化钾聚合物钻井液抗污染性能不足这一问题，利用正交实验，对降滤失剂、抑制剂、包被剂等不同类型处理剂开展了单剂抗污染性能的影响评价分析。单剂抗土侵实验表明，在配方加量范围条件下，高分子聚合物降滤失剂 CMC 对固相污染较为敏感，抗污染性能差；抑制剂对固相污染不敏感；包被剂对固相较敏感。

（2）低分子聚合物配合有机盐优化抗污染性能。

针对高分子聚合物降滤失剂对固相较敏感问题，优选低分子聚合物降滤失剂和分散类褐煤、树脂类降滤失剂，将钻井液适当分散，提高钻井液容纳固相的能力。

在低固相氯化钾聚合物钻井液的基础上，引入一种有机盐（添加质量分数为 10%~20%）与无机盐形成增效作用，升级为复合盐聚合物钻井液。它的固相容纳能力大幅提升，抗土侵能力由 10%提高至 20%，抗固相污染性能得到了有效提高。

复合盐聚合物钻井液在 20%土侵后，中压失水量由 4.8mL 降低至 2.8mL，塑性黏度由 43mPa · s 降低至 30mPa · s（表 5），表明高土侵情况下其流变性得到了有效改善。

表 5　钻井液抗污染性能优化前后数据对比表

类型	密度（g/cm^3）	表观黏度（mPa · s）	塑性黏度（mPa · s）	动切力（Pa）	中压失水量（mL）
低固相氯化钾聚合物钻井液 20%土侵	1.40	54	43	9	4.8
复合盐聚合物钻井液 20%土侵	1.40	33	30	3	2.8

2. 3. 2 润滑性能优化

基于“固—液”协同高效润滑技术思路，对现场施工中常用的润滑剂进行单一评价和配伍性评价实验，优选出抗盐极压润滑剂，对比其他润滑材料，极压润滑系数大幅降低（表 6）。

表 6　钻井液润滑性能优化前后数据表

钻井液	密度 (g/cm³)	表观黏度 (mPa · s)	塑性黏度 (mPa · s)	动切力 (Pa)	中压失水量 (mL)	极压润滑系数
盐水钻井液（未加润滑剂）	1. 40	30	30	2	2. 4	0. 280
盐水钻井液+5% 环保油	1. 40	34	35	8	2. 8	0. 140
盐水钻井液+3% 高效润滑剂	1. 40	33	32	5	2. 6	0. 108
盐水钻井液+3% 抗盐极压润滑剂	1. 40	32	32	6	2. 6	0. 093

3 现场应用

3. 1 改进后随钻测量仪器 LWD 现场应用

截止 2023 年 12 月，改进后随钻测量仪器 LWD 现场应用 32 口水平井，累计进尺 30537. 5m，井下工作时间为 6413. 5h，平均单井误工时间为 4. 77h，较 2022 年降低了 23. 31%，为致密油水平井的有效开发提供了有力保障。

3. 2 优化后钻井液现场应用

致密油钻井液优化后，在 F 平 5202 井和 G26-平 2 井等进行了现场应用，效果良好。施工中固相侵入后，膨润土含量增大（膨润土含量测定最大值为 85g/L），钻井液流变性未出现性能恶化等现象（表 7），钻井液包被抑制良好，地层岩屑返出较规则，井壁稳定性较好，没有剥落掉块情况发生。经统计，2023 年施工井较以往施工井二开平均井径扩大率由 8. 63%下降至 7. 56%。

表 7　F 平 5202 井钻井液性能数据表

井深 (m)	密度 (g/cm³)	黏度 (s)	塑性黏度 (mPa · s)	动切力 (Pa)	初切/终切 (Pa)	中压失水量 (mL)	膨润土含量 (g/L)	黏滞系数
772	1. 25	42	13	6. 5	0. 5/0. 5	4. 0	28. 4	
1000	1. 25	50	27	10. 5	3/5	3. 8	34. 2	
1297	1. 27	58	22	11. 0	3/7	3. 4	52. 6	0. 0612
1623	1. 33	55	27	8. 5	3/10	3. 6	78. 0	0. 0524
1949	1. 34	57	33	12. 0	2/12	3. 4	80. 0	0. 0699
2286	1. 35	59	29	8. 0	2. 5/11	3. 2	78. 0	0. 0612
2464	1. 36	70	43	13. 5	4. 5/19	3. 4	85. 0	0. 0612

3. 3 整体应用效果

通过优化随钻测量仪器 LWD 稳定性、研发钻井提速工具、优化钻井液等措施完善后的松辽盆地致密油钻完井技术钻井施工更加安全高效，在 2023 年现场应用中，钻井速度相较 2021 年和 2022 年大幅提高，平均机械钻速提高 4. 77m/h，平均钻井周期缩短 10. 08d，平均钻完井周期缩短 13. 49d（表 8）。

表 8 致密油水平井钻井周期对比表

年份	完成井数（口）	平均井深（m）	平均水平段长（m）	平均钻速（m/h）	平均钻井周期（d）	平均完井周期（d）	平均钻完井周期（d）
2021	46	2973	1018	8.36	41.91	11.17	53.08
2022	34	3076	1055	12.28	35.23	8.83	44.06
2023	32	3117	1166	15.09	28.49	6.59	35.08

4 结　论

（1）随钻测量仪器 LWD 稳定性技术解决了井下仪器故障的难题，降低了故障损失时率，提高了随钻测量仪器 LWD 使用效率。

（2）致密油钻井液优化与应用，实现致密油水平井盐水钻井液迭代升级，保证了井下安全。

（3）致密油水平井钻井技术的应用，缩短了钻井周期，值得在现场施工中应用。

参考文献

［1］ 蒙启安，赵波，陈树民，等．致密油层沉积富集模式与勘探开发成效分析——以松辽盆地北部扶余油层为例［J］．沉积学报，2021，39（1）：112-125.

［2］ 周永炳，徐启，樊晓东，等．大庆外围油田致密油层叠置组合分类与开发实践［J］．大庆石油地质与开发，2019，38（5）：195-203.

［3］ 乔磊，刘奕杉，车阳，等．松辽盆地难采储量钻完井技术现状及对策建议［J］．中国石油勘探，2022，27（5）：130-137.

［4］ 崔宝文，林铁锋，董万百，等．松辽盆地北部致密油水平井技术及勘探实践［J］．大庆石油地质与开发，2014，33（5）：16-22.

［5］ 宫华．大庆油田齐家区块致密油水平井钻井提速技术［J］．探矿工程（岩土钻掘工程），2016，43（9）：38-41.

［6］ 刘佳奇．提高 LWD 随钻仪器稳定性技术研究与应用［J］．西部探矿工程，2020（6）：71-72.

［7］ 王发现，陶官忠，吕德庆．ULTRADRIL 水基钻井液在大庆致密油水平井中的应用［J］．石油工业技术监督，2018，34（6）：30-32.

［8］ 赵凌云．低固相氯化钾盐水钻井液在 PFP190 井的应用［J］．西部探矿工程，2022（10）：117-119.

DA104H 井高效钻井技术应用

段永坚

（中国石油大庆钻探工程有限公司）

摘　要：DA104H 井是一口深层页岩气井，地质资料和施工经验匮乏，自流井组地层井壁失稳、嘉陵江组—龙潭组地层气测活跃、精确入靶难和井控风险大等问题突出，安全高效钻完井施工难度大。通过优选钻头、优化钻具组合和施工参数、制订钻井液技术方案和固井技术措施，提高了大尺寸井眼钻速。有效解决了井壁失稳问题。保证了储层钻遇率，实现了 DA104H 井安全高效施工、完钻井深 6789m、水平段长 2027m、钻井周期 56.71d。其中四开旋导施工最后一趟钻进尺 2854m，创垂深 4000m 以上深层页岩气井单趟钻施工最高纪录和钻井周期最短纪录，并创出 11 项浙江油田大安区块新指标，为深层页岩气高效施工提供了技术支持，值得在川渝深层页岩气区块推广应用。

关键词：大安区块；深层页岩气；水平井；提速提效；钻完井技术

近年来，为保障国家能源安全，端牢“能源饭碗”，四川盆地深层页岩气勘探开发进入快速发展通道。目前四川盆地页岩气是我国天然气产量增长的重要阵地，已提交探明储量近 $3\times10^{12}m^3$，年产探明储量超过 $400\times10^8m^3$。但四川盆地具有地质构造复杂、层间岩性发育差异性大、纵向压力系统变化大等特点，给钻井施工带来种种困难[1]，增加了井下风险，增加了施工成本。国内对四川盆地深层页岩气钻完井技术进行了大量研究，取得了很多成果，但是针对整个井筒自上而下系统的研究相对较少，本文对大安区块深层页岩气自导管至三开水平段进行了系统的技术论述，对现场施工具有一定指导意义。

1 地质特征

DA104H 井是大庆钻探在浙江油田川渝大安区块施工的第一口深层页岩气井。

川渝大安区块发育 4 个背斜构造带、3 个向斜构造带，背斜窄，向斜宽，区块整体呈隆洼相间、格挡式构造格局，由东北收敛向西南撒开（图 1）。研究区储层埋藏深，上覆沉积地层较多，纵向上存在多套产气层和多个压力系统。水平段地层温度高、箱体薄（3~4m），局部构造复杂、断层发育、地层起伏大、倾角变化程度大。

区域内地层发育层位多，砂岩、泥岩、页岩、砾岩及石膏层等岩性交叉发育，均质性差，可钻性差；纵向压力系统广，密度窗口窄；自流井组（泥岩）、须家河组（砂岩）、龙潭组（泥岩和页岩为主，夹煤层）、茅口组（石灰岩为主）、栖霞组（石灰岩）易垮塌。

目的层龙马溪组主要岩性为一套黑色笔石页岩，上部为泥灰岩及粉砂质灰岩，下部常含较多黄铁矿结核，岩性在探区内变化甚小；五峰组主要岩性为黑色笔石页岩。根据大安 1 井储层评价结果显示，龙一 13 小层至五峰组为优势页岩气储层发育层位，厚度为 17.2m，自然伽马较高，平均约为 162.3gAPI；TOC 含量平均为 4.3%；有效孔隙度平均为 4.8%；测井解释总含气量平均为 $6.6m^3/t$。

作者简介：段永坚，1985 生，男，工程师，现主要从事钻井现场管理工作。

邮箱：50009493@qq.com。

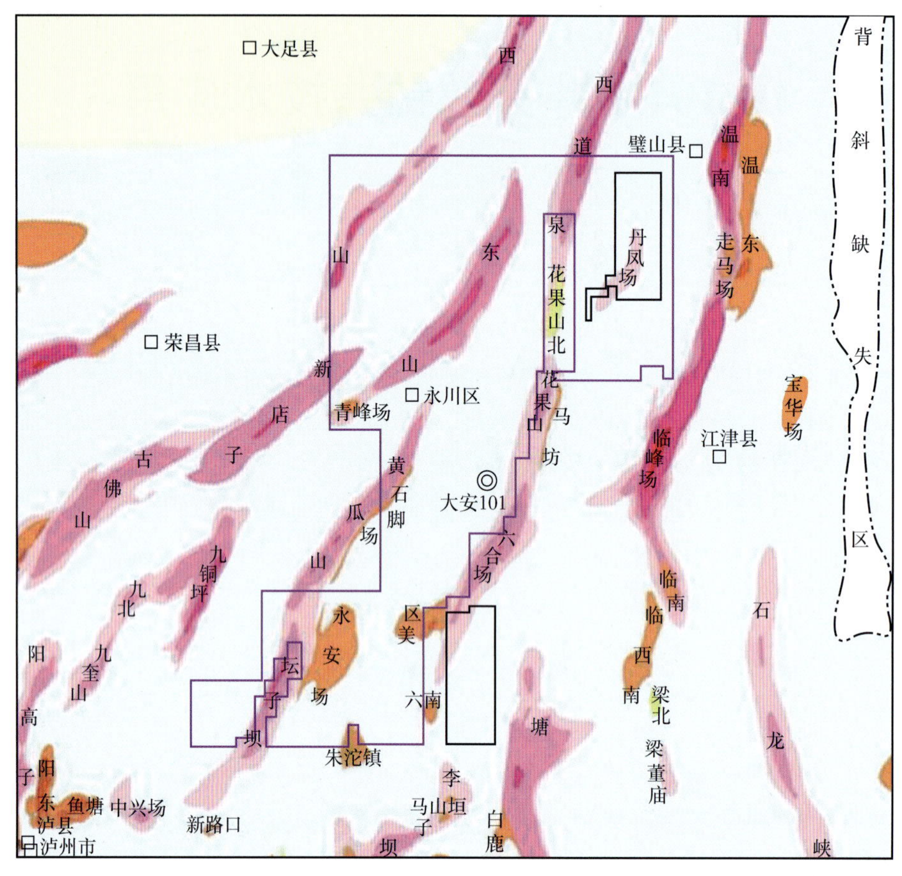

图 1　渝西大安区块构造区划图

2 施工难点

2.1 地质难点

（1）地震预测精度不高、邻井资料少、微幅构造及小断层难以识别，预测 A 靶点垂深误差大，精确入靶难。

（2）优质储层厚度薄，断层、裂缝发育，地层倾角变化频次高，程度剧烈，地震难以准确预测，地质导向难度大[2-3]。

（3）箱体钻遇率达到 90% 以上非常困难。

2.2 工程难点

（1）导管直径 660mm 井眼开孔钻压施加不足，施工中跳钻现象严重，钻速低。

（2）一开直径 406mm 井眼，钻井液环空返速低，井眼清洁难。

（3）二开直径 311.2mm 井眼穿越层位多，单只钻头进尺少。

（4）凉高山组中自流井段层厚 200m 左右，地层非均质性强，尤其珍珠冲组，单只钻头钻穿难度大。须家河组层厚 500m 左右，岩石石英含量高，研磨性强，单只钻头钻穿难度大。

（5）茅口组二段含燧石，对钻头寿命影响大。

（6）自流井组及须家河组井壁掉块严重（图 2），控制掉块难度大。

图 2　自流井组掉块实物图

（7）嘉陵江组以下地层气测显示频繁，尤其龙潭组气测值高，且埋藏深（3050m），气测迟到时间长约 70min，气侵及时发现难，井控预防工作难。

（8）碳酸盐岩地层压力预测准确性低，合理钻井液密度确定难。

（9）三开造斜点深，螺杆钻具定向造斜施工效率低。

（10）水平段地层温度高，后期钻进循环降温效果差，随钻测量仪器故障率高。

3 深层页岩气高效钻井技术

DA104H 井井身结构如图 3 所示。

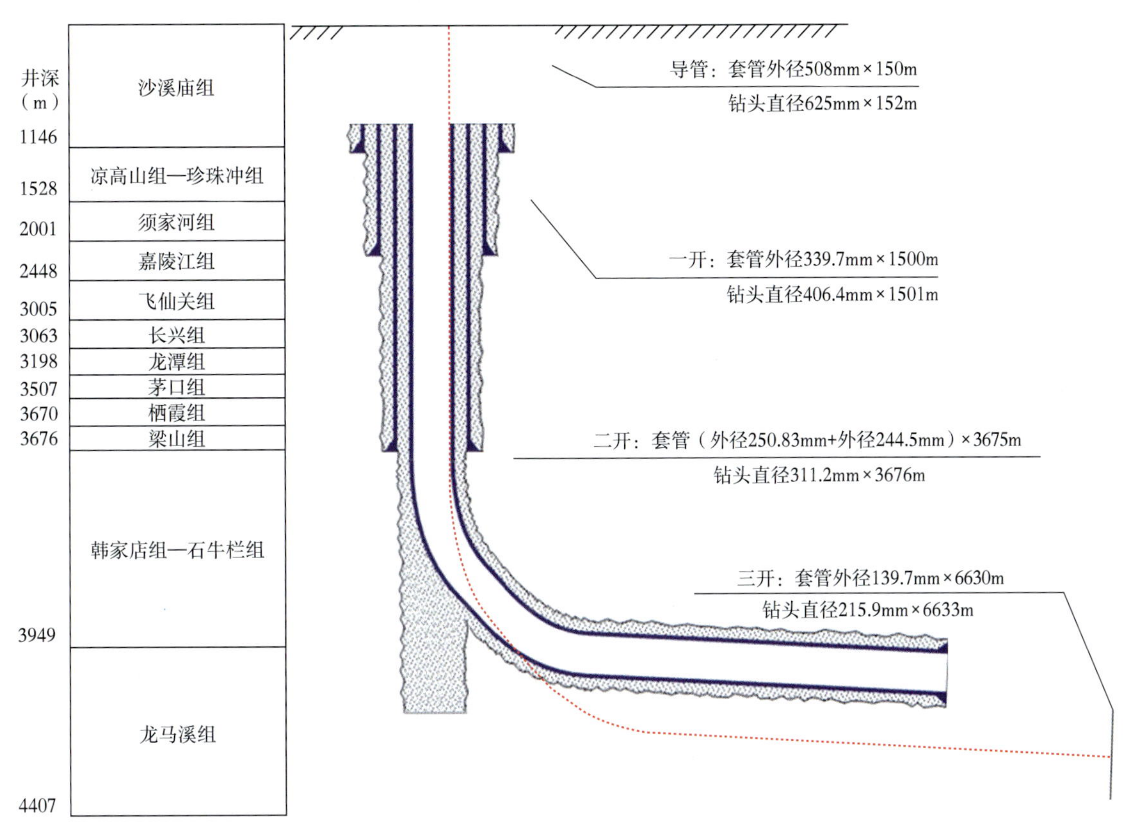

图 3　DA104 井井身结构图

3.1 导管施工提速技术

导管施工采用工程机空气钻井技术，各项施工参数如表 1 所示，钻穿水层深度约 80m 后，下入直径 508mm 套管。

表 1　导管钻进参数表

参数	数值
钻压（kN）	5~20
转数（r/min）	20~40
气量（m^3/min）	40~150

钻具组合：直径 615mm 空气锤+550mm 冲击器+直径 203mm 无磁钻铤+直径 203mm 钻铤 2 根+直径 178mm 钻铤 3 根+127mm 钻杆。

工程机导管施工优点：

（1）送钻平稳，最小钻压可达 5~8kN，防斜效果明显。

（2）工程机钻井适合在溶洞、暗河、破碎堆积层施工。

（3）可在一开施工前完成封井器安装和钻井液配置等工作，提高钻井时效。

3.2 一开钻井提速技术

采用直径 406.4mm PDC 钻头+直径 260mm 大扭矩弯螺杆+直径 400mm 双稳定器钻具组合配合常温 MWD 随钻测斜仪器一趟钻钻至凉高山组 10m，下入 339.7mm 套管，各项施工参数如表 2 所示。

表 2 一开钻进参数表

参数	数值
钻压（kN）	120~240
转数（r/min）	70
排量（L/s）	70~75

钻具组合：直径 406.4mm PDC 钻头+直径 260mm 螺杆（1.25°400mm 螺扶）+400mm 上螺扶+直径 229mm 无磁钻铤+直径 254mm 减震器+直径 229mm 钻铤 5 根+直径 203mm 钻铤 6 根。

一开钻井施工技术要点：

（1）施工钻进排量大于 70L/s，钻头压降大于 2.5MPa，提供充足水利动能。

（2）一开使用 DQZT-DS（Ⅰ型）钻井液体系，配方为：7%~8%氯化钾+0.5%~1% 聚合物类降滤失剂+1%~2%改性沥青+1%~2%超细碳酸钙+0.4%~0.5%包被剂+0.1%~0.2%氧化钙。备足一开钻井液，合理提升钻井液密度（1100m 之前提至 1.45g/cm^3），提高钻井液包被抑制性，前期快速钻进保证钻井液低黏、低切、低固相性能。根据同区块以往施工经验，钻井液漏斗黏度应小于 50s，增强钻井液的冲刷能力，防止泥包钻头。

（3）选用等壁厚、低转数大扭矩、1°弯螺杆钻具，双扶正器钻具组合，稳定器离钻头 18~20m，达到复合降斜打直的目的。用 260mm 碳化钨螺杆替代常规 244mm 螺杆，增加参数上限，提高螺杆使用寿命。

3.3 二开钻井提速技术

采用直径 311.2mm PDC 钻头+直径 244mm 大扭矩弯螺杆+直径 308mm 双稳定器钻具组合配合常温 MWD 随钻测斜仪器四趟钻钻至韩家店组 10m，下入直径 250.83+直径 244.5mm 技术套管，各项施工参数如表 3 所示。

表 3 二开钻进参数表

参数	数值
钻压（kN）	140~220
转数（r/min）	70
排量（L/s）	53~62

钻具组合：直径 311.2mm PDC 钻头+直径 244mm 螺杆（1.25°308mm 螺扶）+直径 308mm 上螺扶+直径 229mm 无磁钻铤+直径 229mm 钻铤 5 根+直径 203mm 钻铤 6 根。

二开钻井施工技术要点：

（1）钻进排量不低于 65L/s，钻头压降不低于 2.5MPa，以提供足够的水力动能，提高钻头破岩效率；环空上返速度不低于 1.0m/s，确保携带岩屑效果，有效清洁井眼。

（2）二开使用 DQZT-DS（Ⅰ型）和 DQZT-DS（Ⅱ型）钻井液体系，嘉陵江组前使用 DQZT-DS（Ⅰ型）钻井液体系，配方与一开相同；嘉陵江组后使用 DQZT-DS（Ⅱ型）钻井液体系，配方为：10%~12%氯化钾+0.3%~0.5%聚合物类降滤失剂+3%~5%改性腐殖酸类降滤失剂+4%~6%磺甲基酚醛树脂 SMP-Ⅱ+2%~3%改性沥青+0.2%~0.3%包被剂+1%~2%润滑剂+0.2%~0.5%氯化钙+1%~2%超细碳酸钙。

（3）选用等壁厚、低转数大扭矩、1°弯螺杆钻具，双扶正器钻具组合，达到复合降斜打直的目的。

（4）每钻穿一层位或钻进 500m，做一次地层承压试验，承压能力达到当量密度 2.1g/cm^3 以上；若达不到，则进行堵漏提高地层承压能力。

（5）钻井液密度执行设计上限，严格控制有害固相含量在 10%以内，提高钻井液封堵能力和润滑性。

3.4 三开钻井提速技术

第一趟钻使用直径 172mm、1.5°螺杆钻具完成直井段及井斜角 15°内造斜段施工。

第二趟钻选用抗温 150℃的旋导工具，配备地面钻井液降温装置，完成造斜段及水平段施工至完钻，各项施工参数如表 4 所示。

表 4 三开钻进参数表

参数	数值
钻压（kN）	60~150
转数（r/min）	70
排量（L/s）	32~36

轨迹控制：水平段箱体内轨迹控制在钻速高的高自然伽马“工程甜点”处钻进；实钻过程中加强拟合频率，多参数判断位置信息，结合地震迭代更新后成果资料的地质导向应用，轨迹控制严格遵循宁上勿下的原则，确保后期高效率穿越高陡构造，实现钻遇率在90%以上（区域内平均钻遇率为88.14%）。

三开使用DQZT-OS（Ⅰ型）钻井液体系，配方为：白油+2%~3%乳化剂+1%~2%润湿剂+1%~2%有机土+3%油包水降滤失剂+4%~5%氧化钙+25%~30% $CaCl_2$ 水溶液+0.5%~1%微纳米封堵剂Ⅰ+0.5%~1%微纳米封堵剂Ⅱ型+1%~2%超细碳酸钙，油水比为80∶20~95∶5。

三开钻井施工技术要点：

（1）运用钻井软件计算。合理调配各类施工参数，钻具提放速度控制在2~5m/min之间，循环排量不低于36L/s，精确控制井内压力。钻头压降在1.8MPa以上，环空上返速度不低于1.5m/s，确保携带岩屑效果，有效清洁井眼。

（2）制订旋导工具保护措施。含砂量控制在0.2%以内，低密度固相含量控制在6%以内；接收重晶石时检测是否含铁粉，钻井液出口处放置充足磁铁，视吸附铁屑情况确定清理周期；处理剂加入严格按照管理规范操作；杜绝杂物进入循环罐。

（3）注意钻井液的处理维护。确保地层承压能力满足要求的情况下，钻井液密度控制在设计的上限，提供足够的支撑能力。为保证龙马溪页岩井壁稳定，结合地质设计提示，DA104H井实钻过程中在钻进至A靶点开始，循环井浆按照循环周补充0.7%纳米封堵剂、1%成膜封堵剂、2%沥青类封堵剂、0.5%超细碳酸钙（1000目）、0.5%超细碳酸钙（1250目），封堵材料总量近5%，增强钻井液封堵能力，形成物理颗粒与化学成膜封堵相结合的广谱性封堵层，保证井壁稳定[4-7]。

（4）由于龙马溪组顶部钙质含量高，旋转导向钻头易磨损，造成打不动或起钻。因此，要求录井卡准龙马溪组顶，进入龙马溪组30m再更换旋转导向，提高造斜段机械钻速。

（5）考虑韩家店至龙马溪组顶存在致密灰岩层（主要石牛栏组，地层硬度大，高密度钻井液钻速慢），定向滑动钻进钻速受钻井液密度影响较大，钻井液密度控制在设计密度的下限（1.90~1.92g/cm³），便于定向施工。

（6）大安区块目的层龙马溪组地层特征与海坝区块相近（大安区块分层为1~7号小层，厚度与海坝相近）。入靶根据地质设计和临井资料并借鉴海坝区块施工经验，采取地震随钻修正靶点+龙马溪组4号层顶逐层逼近原则，准确预测靶点深度，确保准确入靶。

（7）根据以往在川渝深层页岩气施工经验，箱体垂深为2500~3000m，2号层钻速为4~8min/m，1号层钻速为1~4min/m，原因是2号层硅质含量更高、地层更硬，旋转导向震动大，只能小钻压钻进，影响机械钻速。因此，根据以往经验，1号层机械钻速快，建议选择在1号层高伽马附近钻进，能够提高机械钻速。

（8）旋转导向工具易卡钻。要控制好钻井液携砂性能，保持井眼清洁，防止岩屑堆积形成岩屑床，造成卡钻风险。

（9）观察钻屑形态，计量返屑量，评价钻井液性能。合理确定分段钻井液主处理剂含量，保证抑制、封堵、悬浮、润滑性能。

3.5 水平井固井技术

3.5.1 提高顶替效率技术

优化套管扶正器设计和套管扶正器安放位置，保持套管居中度不小于70%。研发应用了适于油基钻井液固井的高效冲洗液，实验检测在紊流条件下有效冲洗时间可控制在7min以内，提高了固井顶替效率。在兼顾防漏的基础上尽可能保持较高的注水泥浆和顶替速度。固井设计模拟套管下入和顶替效率情况如图4所示。

3.5.2 压稳防窜（防漏）技术

应用高密度水泥浆，平衡水泥浆密度可以在1.95~2.40g/cm³之间连续调整，在大温差条件下，72h顶部水泥石强度可达到3.5MPa以上，满足了固井压稳需要。合理确定双凝水泥浆界面（气顶以上200m）；应用抗高温韧性防气窜水泥浆体系，实现了水平段有效封固，水泥石弹性模量控制在 6GPa 以下，满足了深层页岩气井产层高强度压裂改造需要。固井前充分循环，缩短钻井液静止时间，消除气测异常，降低对固井施工的影响，固井前充分排除后效、缩短静止时间；固井后环空阶梯加压候凝。

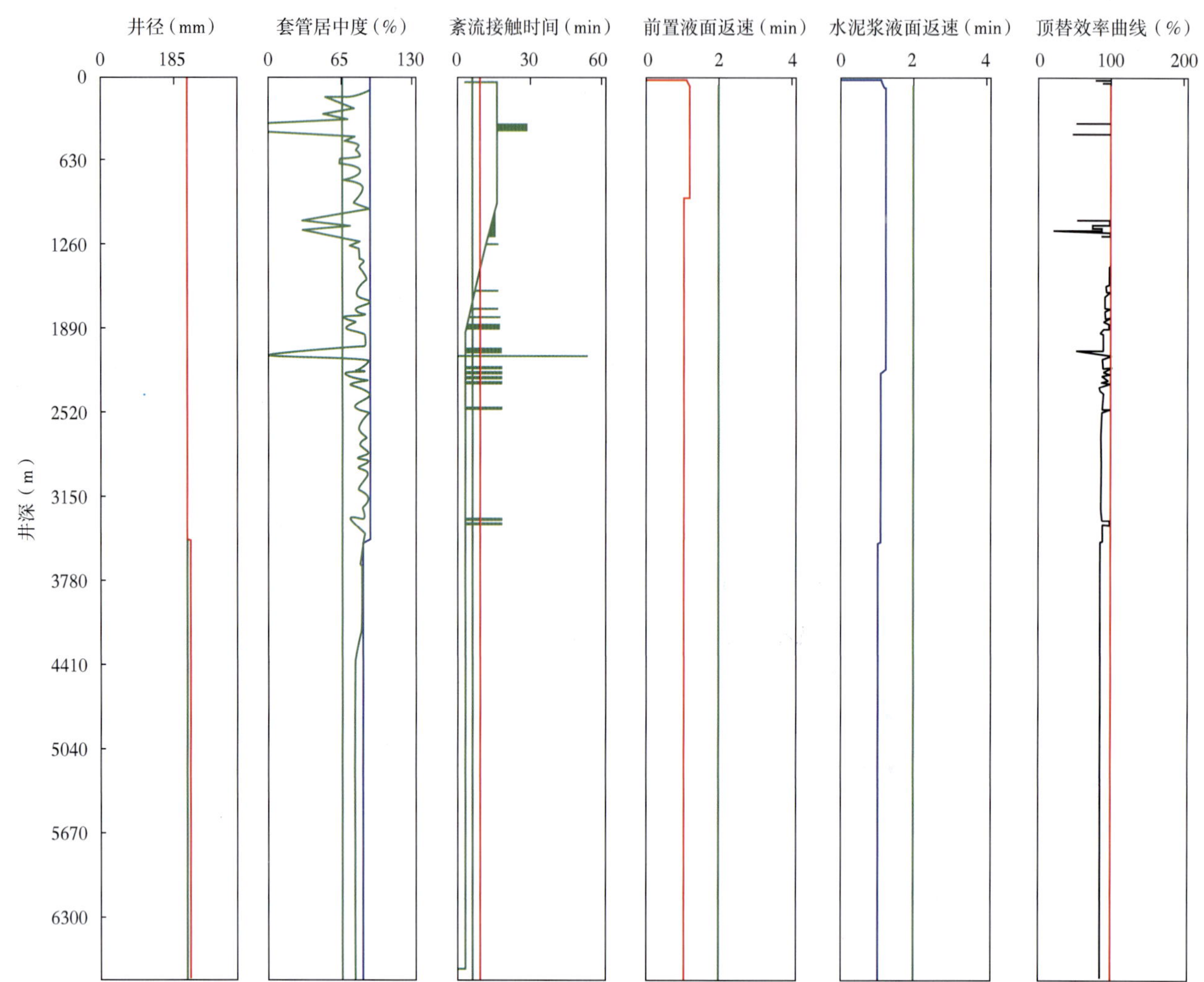

图 4　顶替效率模拟分析曲线图

3.5.3 **安全施工保障措施**

做好水泥浆与隔离液、钻井液的相容性实验；做好三方对比计量。备足反挤水泥量；强化固井设备配备及保养维护，固井前做好试运转，做到连续施工；做好入井材料检测检验，严格把好入井原材料质量关；配套了高压注水泥设备和固井附件，最高施工压力达到 80MPa，保证了施工安全。

4 现场应用

应用高效施工技术后，钻完井施工时效大幅度提升。DA104H 井完钻井深为 6789m，最大垂深为 4275.55m，钻井液密度为 1.95~1.97g/cm^3，井温为 150℃，偏移距为 487.77m，水平段长 2027m，全井平均机械钻速为 10.60m/h，钻井周期为 56.71d，各项指标较同平台施工的 DA101 井大幅提高，与同区块平均钻井技术指标对比如表 5 所示。

其中，四开旋转导向施工最后一趟钻进尺 2854m，机械钻速为 10.61m/h，纯钻时间为 269h，螺杆和仪器使用时间 359h，创垂深 4000m 以上深层页岩气井单趟钻施工最高进尺纪录和钻井周期最短纪录，并创出 11 项浙江油田大安区块新指标。

表 5　同区块完成井数据对比表

井号	完钻井深（m）	水平段长度（m）	钻井周期（d）	钻完井周期（d）	平均机械钻速（m/h）	平均井径扩大率（%）
DA104H	6789	2027	45.42	34.25	67.42	1.5
区块平均	6676	2016	87.02	38.96	107.3	6.37

5 结　论

（1）一开施工采用大扭矩弯螺杆+直径 400mm 双稳定器钻具组合配合常温 MWD 随钻测斜仪器实现了一趟钻。

（2）通过按照密度设计上限施工，增强物理支撑；强化钻井液封堵能力，封堵纳微米孔隙，解决了自流井组及须家河组井壁掉块等问题。

（3）通过应用深层页岩气高效钻井技术，实现大安区块页岩气水平水平井高效施工。

参考文献

[1] 高清春．国内外页岩气开发钻完井配套技术［J］．重庆科技学院学报（自然科学版），2013，15（4）：61-62.

[2] 崔思华，班凡生，袁光杰，等．页岩气钻完井技术现状及难点分析［J］．天然气工业，2011，31（4）：72-75.

[3] 余雷，高清春，吴兴国，等．四川盆地页岩气开发钻井技术难点与对策分析［J］．钻采工艺，2013，37（2）：1-4.

[4] 张冬明．页岩气水平井高密度白油基钻井液体系研究与应用［J］．西部探矿工程，2022，34（4）：101-103.

[5] 陈忠宇．泥页岩地层油基钻井液封堵防塌技术研究及应用分析［J］．西部探矿工程，2023，35（8）：44-47.

[6] 江民盛，阮彪，徐新纽，等．全白油基钻井液在吉木萨尔凹陷泥岩地层中的应用［J］．能源化工，2019，40（6）：46-50.

[7] 赵海锋，王勇强，凡帆．页岩气水平井强封堵油基钻井液技术［J］．天然气技术与经济，2018，12（5）：33-36.

基于 OLGA 的页岩油井结蜡特性分析

刘云双[1]，卢秋羽[2,3,4]，李俊亮[2,3,4]，张晓川[2,3,4]，马品刚[2,3,4]

（1. 大庆油田有限责任公司重庆分公司；2. 大庆油田有限责任公司采油工程研究院；
3. 黑龙江省油气藏增产增注重点实验室；4. 多资源协同陆相页岩油绿色开采全国重点实验室）

摘　要：针对四川盆地页岩油井井筒结蜡严重、井口油压和产量下降的问题，以 A 井基础数据和生产数据为依据，利用 OLGA 软件开展了多相流结蜡特性研究。结果显示，结蜡位置在井筒 700m 以上，随着生产时间增加，蜡沉积厚度增加但最大结蜡点没有变化；在含水率大于 0.35 时，蜡沉积厚度随着含水率的增加而减小；气液比增加，蜡沉积厚度减小且结蜡位置有小范围的变化。此研究可以为解决页岩油井开采过程中的结蜡问题提供参考，为提高开采效益提供了理论依据。

关键词：四川盆地；页岩油气；OLGA；结蜡特性；多相流

中国页岩油资源非常丰富、潜力巨大，预测可采资源量为（10～15）×10^8t，是中国油气资源战略性接替的重要领域，目前已经在鄂尔多斯盆地、渤海湾盆地、柴达木盆地取得了突破性进展[1-6]。页岩油常温下为带有刺激性气味的膏状物，含有大量石蜡，凝固点较高，轻馏分较少，含蜡重油馏分占 25%～30%[7]。页岩油特性与常规石油资源差别较大，页岩油在生产过程中若管壁温度低于油流温度且低于原油的析蜡点，则蜡分子会从油流中析出并附着在管壁上[8-9]，油井结蜡会使油流通道变小，导致油井减产，严重时会将油流通道全部堵死而停产，因此需要研究页岩油的结蜡特性，为页岩油气顺利生产奠定基础。

目前，针对蜡沉积研究，国内外学者先后提出分子扩散、剪切弥散、布朗扩散、剪切剥离和老化机理等[10-12]。OLGA、PVTsim、Wax Flow 等专业软件都可以进行蜡沉积计算，其中，OLGA 软件是多相流瞬态模拟领域的行业标准工具，蜡沉积模拟结果与实测数据也较为相近[13]。国内外有许多学者对油—气两相蜡沉积规律展开了研究，认为原油组成、油温、原油含水、管壁粗糙度等对蜡沉积影响较大[14-16]。其中关于原油含水率的影响，一部分人认为，随含水率的增大，沉积物的质量减小；另一部分认为，蜡沉积量会呈现出先减少后增加的趋势[17-18]，因此，关于原油含水率对蜡沉积的影响需要进一步研究。

四川盆地天然气资源丰富，其中页岩油气资源开发还在探索中，目前在四川盆地 M 区块 A 井试采具有高产、稳产的特征；但随着生产时间推移井筒内出现严重结蜡现象，导致井口油压、产量下降，无法进行流压监测。目前钢丝清蜡周期平均为 15d，由于缺少井筒油气水三相流动环境蜡沉积预测方法，不能清晰判断结蜡位置和蜡沉积厚度，当结蜡严重、清理不及时需要关井热洗，导致长时间不能稳定生产。

针对以上问题，本文基于四川盆地某页岩油井生产数据、储层特性和原料物性参数，结合结蜡机理，利用 OLGA 软件开展结蜡特性分析，为提高四川盆地页岩油气资源勘探开发的整体效益奠定基础。

1 OLGA 软件蜡沉积模型基本理论

OLGA 软件的蜡沉积模块具有计算蜡质成分沿

第一作者简介：刘云双，1983 年生，男，现主要从事油气生产兼综合事务。
邮箱：liuyunshuang@ petrochina. com. cn。

管线传输和沉积的功能，嵌有 RRR 模型、Matzain 模型和 Heat Analogy 模型。其中，Heat Analogy 模型和 Matzain 模型都基于分子扩散、剪切弥散和剪切剥离理论，RRR 模型基于分子扩散和剪切弥散理论。Matzain 模型适用于单相分层波浪流气泡流和段塞流环状流，RRR 模型不适用于层状流。正常生产时可能会出现层流流动，邓康尼[19]通过模拟对比得知，Matzain 模型更为适合凝析油气藏，所以本文选用 Matzain 模型进行蜡沉积模拟计算。

Matzain 模型结合实验建立了沉积模型，沉积层厚度变化率表示为：

$$\frac{\mathrm{d}\delta}{\mathrm{d}t}=\frac{1}{1+C_2N_{\mathrm{SR}}^{C_3}}\left(\frac{\mathrm{d}\delta}{\mathrm{d}t}\right)_{\mathrm{diff}} \tag{1}$$

式中 $\frac{\mathrm{d}\delta}{\mathrm{d}t}$——沉积层厚度变化率；

C_2、C_3——反映剪切剥离作用的常数；

N_{SR}——依托于流型的雷诺数；

$\left(\frac{\mathrm{d}\delta}{\mathrm{d}t}\right)_{\mathrm{diff}}$——由分子扩散作用和孔隙率引起的沉积层厚度变化率。

单相/分流层的雷诺数可以表示为：

$$N_{\mathrm{SR}}=\frac{\rho_o v_o \delta}{\mu_{o,f}} \tag{2}$$

间歇流/泡状流的雷诺数可以表示为：

$$N_{\mathrm{SR}}=\frac{\rho_m v_l \delta}{\mu_{o,f}} \tag{3}$$

环状流的雷诺数可以表示为：

$$N_{\mathrm{SR}}=\frac{\sqrt{\rho_m \rho_o}\, v_l \delta}{\mu_{o,f}} \tag{4}$$

式中 ρ_o——油的密度，kg/m^3；

v_o——油的流动速度，m/s；

δ——沉积层厚度，m；

$\mu_{o,f}$——油的黏度，kg/（m·s）；

v_l——液相速度，m/s；

ρ_m——油气混合物的平均密度，kg/m^3。

2 A 井基础信息和物性参数

2.1 A 井基础信息

四川盆地 A 井完钻井深 3980m，于 3163m 进入水平段，管柱结构包括采气树、打孔丝堵、破裂盘、内径 62mm 油管、坐落短节、管挂等。A 井试采生产数据如表 1 所示，日产液量变化范围为 30～45m^3，日产油量变化范围在 16～30m^3，日产气量变化范围在（2～4）×10^{4}m^3；压力梯度为 0.42～0.67MPa/100m，温度梯度为 1.78～2.99℃/100m，深度为 2650m 处的测点压力为 47.85MPa、测点温度为 72.76℃。

表 1　A 井试采生产数据表

日期	日产液量（m^3）	日产油量（m^3）	日产气量（10^{4}m^3）	油压（MPa）	套压（MPa）
2023 年 11 月 20 日	42.27	29.86	3.98	21.50	23.90
2023 年 12 月 4 日	32.16	18.75	2.39	10.94	14.74
2023 年 12 月 12 日	34.08	17.76	2.45	8.72	12.65
2023 年 12 月 20 日	32.64	16.32	2.50	6.24	10.26
2023 年 1 月 12 日	39.28	18.72	3.66	8.30	11.59
2023 年 1 月 23 日	44.88	26.51	3.45	14.57	17.28

A 井试采及清蜡情况如图 1 所示，观察到每次清蜡后产量都有所上升，说明井筒内的蜡沉积已经影响到了正常生产。从钢丝清蜡遇阻情况分析，A 井结蜡井段深度在 700m 以上，目前采用钢丝清蜡费用高、风险大，结蜡严重需要关井热洗，导致近井储层油水分布变化，再次开井后需要较长时间才能达到稳定生产。综上所述，亟须开展结蜡特性分析，为页岩油开发建产提供依据。

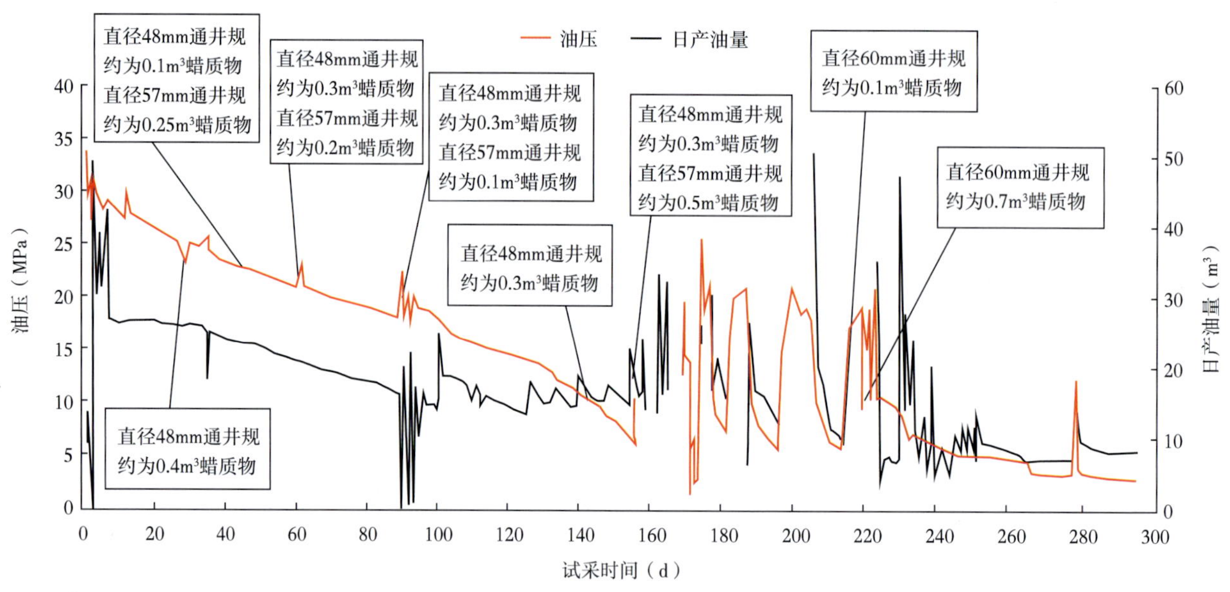

图1　A井试采清蜡情况图

2.2 A井物性参数

根据A井天然气、水样、油样分析数据，地层水矿化度为11600mg/L，pH值为6.67，水型为氯化钙型；天然气相对密度为0.7166；油中含蜡为10.5%。原油中石蜡碳数主要分布在C_{10}—C_{32}，以中低碳数为主，正构烷烃主要集中于C_{12}—C_{28}，占比达60.34%。原油和天然气物性如表2和表3所示。

表2　原油物性表

组分	摩尔分数（%）
C_7	5.41
C_8	5.17
C_9	5.51
……	……
C_{29}	1.2
C_{30}	0.87
C_{31}	0.64
C_{32}	0.44

表3　天然气物性表

组分	摩尔分数（%）
N_2	1.53
CO_2	0.15
……	……
IC_5	0.48
nC_5	0.31
C_6	0.68

3 井筒结蜡动态预测

3.1 模型验证

根据A井实际情况设置初始条件，即：井口温度为5℃、井底温度为70℃、井口压力为20MPa、井底压力为40MPa、含水率为0.3。随时间变化的标准条件下体积流量如图2所示，气相体积流量为$4\times10^4m^3$，与实际生产情况基本相符，验证了计算模型的正确性。

根据A井实际情况设置初始条件不变，计算5d后的温度和压力如图3所示。从中可以看出，井底温度约为70℃，与实际生产情况相符合，再次证明了计算模型的准确性。从图中可以看出，析蜡温度在40℃附近，在距离井口700m以内的温度均低于析蜡温度，说明会有一定程度的蜡析出。

3.2 生产时间对蜡沉积厚度的影响

根据A井实际情况设置初始条件，即：井口温度为5℃、井底温度为70℃、井口压力为20MPa、井底压力为45MPa、含水率为0.3。模拟沿井筒20d内蜡沉积厚度，如图4所示，从中可以看出，在距离井口0～700m处管壁均有蜡沉积现象，与实际生产结蜡位置相符。随着生产时间增加，沉积厚度也增加，但增加幅度是减小的，初始结蜡位置均没有发生变化，最大蜡沉积厚度位置向井口移动。在井口附近蜡沉积厚度开始减小，是因为前面行程中蜡的析出沉降，到井口附近蜡含量降低。

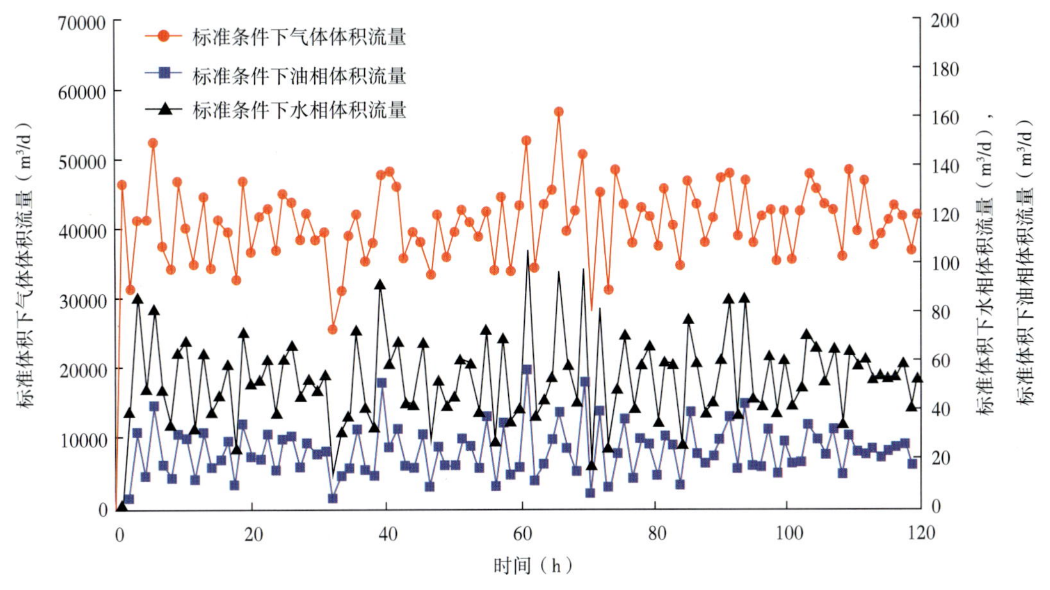

图 2 标准条件下的体积流量图

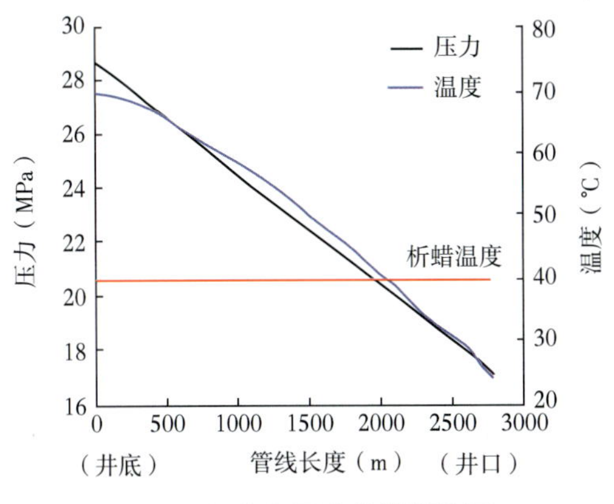

图 3 温度和压力的模拟值图

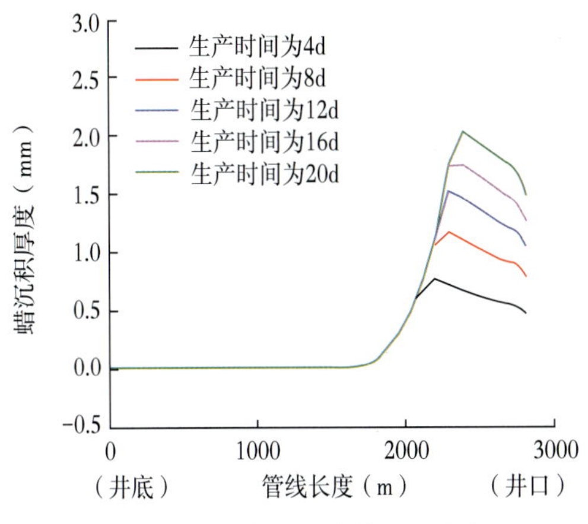

图 4 沿井筒管壁上的蜡沉积厚度图

3.3 含水率对蜡沉积厚度的影响

计算含水率在 0.30~0.50 范围内蜡沉积厚度的变化，如图 5 所示。从中可以看出，随着含水率增加，井筒蜡沉积厚度呈先增加后减少趋势，初始结蜡位置没有发生明显变化。分散在油相中的水相对蜡分子的扩散过程起到一定的阻碍作用，从而在一定程度上会抑制蜡沉积。

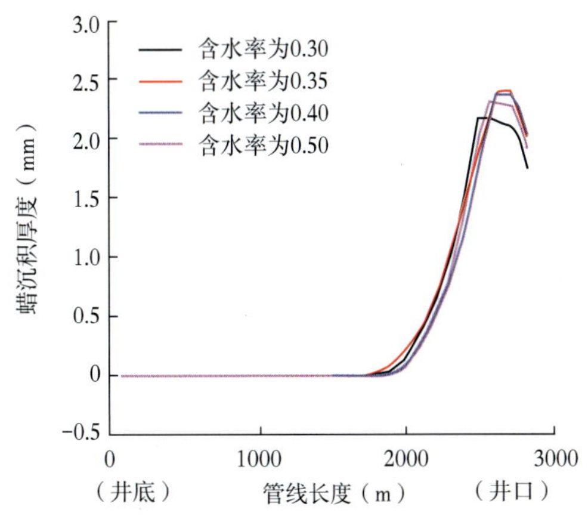

图 5 含水率对蜡沉积厚度的影响图

3.4 气油比对蜡沉积厚度的影响

在井流物组分中，因为蜡属于重组分，而流

体中轻组分的比重变化，对蜡沉积过程有着非常大的影响。相同条件下，井筒蜡沉积厚度随气油比变化情况如图 6 所示。从中可以看出，随着气油比增加，井筒蜡沉积厚度逐渐减小，最大蜡沉积厚度位置和初始结蜡位置均向井口位置移动，结蜡量的增长放缓。

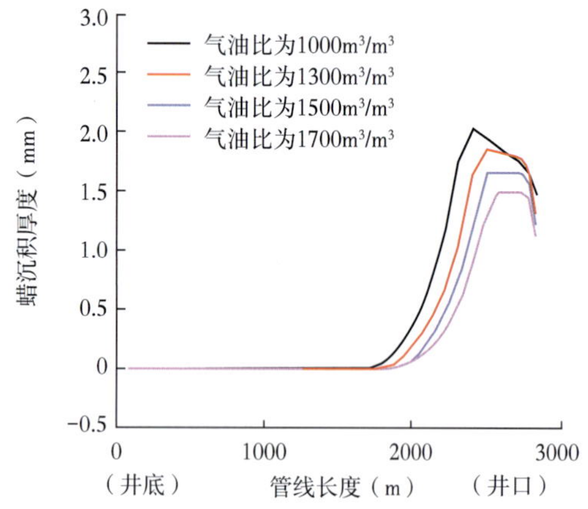

图 6　气油比对蜡沉积厚度的影响图

4 结 论

（1）根据 A 井实际情况设置初始条件，计算得到的标准条件下体积流量、结蜡位置、温度和压力都与实际生产数据相吻合，证明了计算模型的准确性。

（2）分析生产时间、含水率、气油比对井筒结蜡的影响。结果表明，随着生产时间增加，蜡沉积厚度增加，但最大结蜡点没有变化；在含水率大于 0. 35 时，蜡沉积厚度随着含水率的增加而减小；气液比增加，蜡沉积厚度减小且结蜡位置有小范围的变化。

参考文献

[1] 赵文智，胡素云，侯连华．页岩油地下原位转化的内涵与战略地位［J］．石油勘探与开发，2018，45（4）：537-545.

[2] 金之钧，朱如凯，梁新平，等．当前陆相页岩油勘探开发值得关注的几个问题［J］．石油勘探与开发，2021，48（6）：1276-1287.

[3] 付金华，李士祥，牛小兵，等．鄂尔多斯盆地三叠系长 7 段页岩油地质特征与勘探实践［J］．石油勘探与开发，2020，47（5）：870-883.

[4] 邹才能，杨智，孙莎莎，等．“进源找油”：论四川盆地页岩油气［J］．中国科学：地球科学，2020，50（7）：903-920.

[5] 周立宏，何海清，郭绪杰，等．渤海湾盆地歧口凹陷古近系沙一下亚段中等成熟页岩油富集主控因素与勘探突破［J］．石油与天然气地质，2022，43（5）：1073-1086.

[6] 李国欣，朱如凯，张永庶，等．柴达木盆地英雄岭页岩油地质特征、评价标准及发现意义［J］．石油勘探与开发，2022，49（1）：18-31.

[7] 于燕．页岩油自喷井套管清蜡技术探讨［J］．复杂油气藏，2022，15（2）：111-113.

[8] 吕朝旭，邢晓凯，柯鲁峰．多相流蜡沉积研究进展［J］．油气田地面工程，2018，37（4）：36-41.

[9] 娄博文，王鹏宇，徐硕，等．单相输油管道蜡沉积研究进展［J］．油气储运，2018，37（8）：857-864.

[10] Akbarzadeh K，Zougari M. Introduction to a novel approach for modeling wax deposition in fluid flows. 1. Taylor-Couette system［J］. Industrial and Engineering Chemistry Research，2008，47（3）：953-963.

[11] 张宇，于达，王鹏宇，等．分散相粒径对油水乳状液蜡沉积的影响［J］．油气储运，2013（2）：152-156.

[12] Paso K G，Foglar H S. Bulk stabilization in wax deposition systems［J］. Energy & Fuels，2004，18（4）：1005-1013.

[13] 罗焕，薛登存，张婷婷．三种气液混输软件的模拟计算与分析［J］．中国科技信息，2015（1）：114-116.

[14] 曾继磊，冯宇，李小川，等．蜡质沉积影响因素［J］．化工管理，2020（36）：159-160.

[15] Bidmus H O，Mehrotra A K. Solids Deposition during “Cold Flow” of wax-solvent mixtures in a flow-loop apparatus with heat transfer［J］. Energy & Fuels，2009，23（6）：3184-3194.

[16] 王鹏宇，姚海元，宫敬，等．油包水型乳状液蜡沉积冷指实验研究［J］．中国海上油气，2014，26（1）：114-118.

[17] Couto G H，Chen H，Dellecase E，et al. An investigation of two-phase oil-water paraffin deposition［J］. SPE Production & Operations，2008，23（1）：49-55.

[18] 全青．油气水三相蜡沉积实验研究［D］．北京：中国石油大学（北京），2016.

[19] 邓康尼．大北-14 凝析气藏蜡沉积机理及解堵方案研究［D］．北京：中国石油大学（北京），2022.

中基性火山岩储层特征及岩石力学实验评价研究

齐士龙[1,2,3]，刘登元[1,2,3]，唐鹏飞[1,2,3]，杨春城[1,2,3]，张兴雅[1,2,3]

（1. 大庆油田有限责任公司采油工艺研究院；2. 黑龙江省油气藏增产增注重点实验室；
3. 多资源协同陆相页岩油绿色开采全国重点实验室）

摘 要：目前，松辽盆地中基性火山岩储层是深层天然气勘探开发的重要领域，资源潜力大。储集空间复杂多样，以中基性安山岩、玄武岩为主，储层厚度小、物性差，属于低孔低渗储层。以往采用常规直井的成熟压裂技术，压裂改造效果差，工业率不足50%；水平井采用裸眼完井压裂工艺，部分采油井压裂初期能获得一定产能，但由于缝控改造体积小，稳产能力弱，效益开采价值低。为了更好地对储层进行针对性改造，需认清储层地质特征及岩石力学性质，通过分析储层孔隙分布特征、天然裂缝特征、储层孔渗特征，开展岩石力学三轴实验、岩石地应力测试、岩石断裂韧性实验，获取岩石力学参数，明确力学性质、脆性特征及裂缝形态等，为深入认识储层和形成增产改造技术攻关提供技术支撑，为中基性火山岩压裂优化设计提供理论依据。

关键词：中基性火山岩；天然裂缝；岩石力学；地应力；断裂韧性；脆性

松辽盆地深层气中基性火山岩资源开发潜力大，岩相以溢流相和爆发相为主。中基性火山岩储层埋藏深（大于3000m），储集空间复杂多样，以中基性安山岩、玄武岩为主。储层非均质性强，厚度小、物性差，属于特低孔储层。局部裂缝发育，主要为高角度和直立的构造裂缝。裂缝填充率高，孔洞连通性差、渗流能力弱。以往直井采用常规的成熟压裂技术，压裂改造效果差，工业率不足50%；水平井采用裸眼完井压裂工艺，部分井施工初期能获得一定产能，但由于储层缝控改造体积小，稳产能力弱，效益开采价值低。为提高中基性火山岩储层压裂改造效果，深化目标区块储层认识，进而为现场施工提供理论指导，亟需开展储层特征评价及岩石力学实验分析。

针对中基性火山岩储层国内外学者已开展了大量研究，屈洋等[1]在松辽盆地北部安达地区凹陷中基性火山岩储层开展了恒速压汞、核磁共振、CT、相渗等多种岩心实验，分析了孔隙结构及渗流机理研究；张永平等[2]对中基性火山岩，根据储层人工裂缝、天然裂缝、基质三重介质特征，对体积压裂储层改造区建立了考虑应力敏感、启动压力梯度、滑脱效应和高速非达西效应影响的数学模型并求解，根据计算结果建立了适用于中基性火山岩储层的增产预测图版。未有针对中基性火山岩储层的天然裂缝特征及岩石力学实验与脆性特征分析方面的研究。为了更好地对储层进行针对性改造，对松辽盆地深层气中基性火山岩储层岩石、孔隙分布特征、天然裂缝特征、储层孔渗特征多方面系统地进行了分析评价，通过岩石力学实验测定了杨氏模量、泊松比、断裂韧性、脆性等岩石力学参数，提出了中基性火山岩储层增产改造方向，为松辽盆地深层气中基性火山岩形成主体增产技术提供理论基础。

基金项目：中国石油勘探重大专项课题“松辽盆地风险勘探领域和目标研究、工程技术攻关现场试验”（2011ZX05062）。

第一作者简介：齐士龙，1980年生，男，高级工程师，现主要从事非常规油气藏压裂优化设计研究及现场应用工作。
邮箱：qishilong@ petrochina. com. cn。

1 储层特征

1.1 储层孔隙分布特征

选取安达地区中基性火山岩 9 口采油井的 82 块岩石样品，采用扫描电镜、铸体薄片、图像分析技术对岩石孔隙大小进行了微观上的分析，分析表明：中基性火山岩孔隙分布不均、以微孔隙和小孔隙为主，大孔隙较少（图 1）。其中，微孔隙占 63.2%（孔隙直径小于 15μm），小孔隙占 36.2%（孔隙直径在 15～105μm 之间），大孔隙占 0.6%（孔隙直径大于 105μm），孔隙连通性差，不利于气体流通，渗流能力弱，常规压裂裂缝与储层接触面积小，改造效果差，改造方向以扩大裂缝与储层接触面为主。

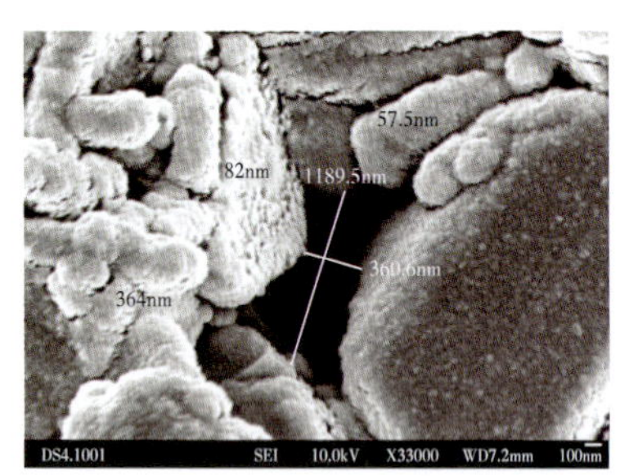
a. 15μm以下微孔隙

b. 15~105μm小孔隙

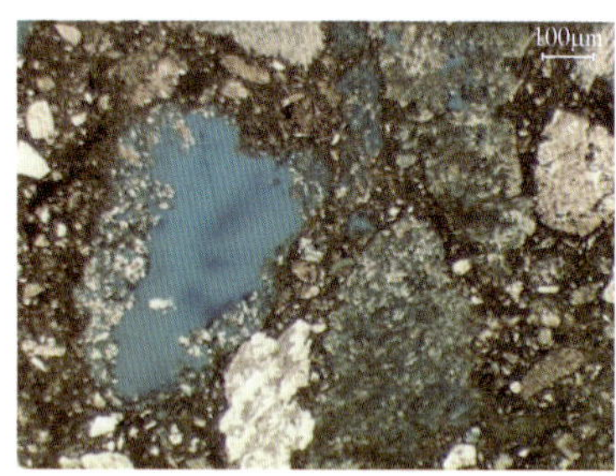
c. 105μm以上大孔隙

图 1 中基性火山岩扫描电镜图

1.2 储层天然裂缝特征

天然裂缝系统控制了松辽盆地中基性火山岩储层天然气的运移、聚集和成藏。近年的研究成果表明[3-6]，储层天然裂缝的存在对深层气增产改造影响较大，松辽盆地深层中基性火山岩发育多种裂缝，有原生裂缝和次生裂缝。天然裂缝类型多以气孔、溶孔、微构造缝和微裂缝为主（图 2），通过岩心薄片鉴定分析得知，裂缝多被硅质、方解石、绿泥石、浊沸石等矿物充填（图 3），局部未见被充填的微裂缝。

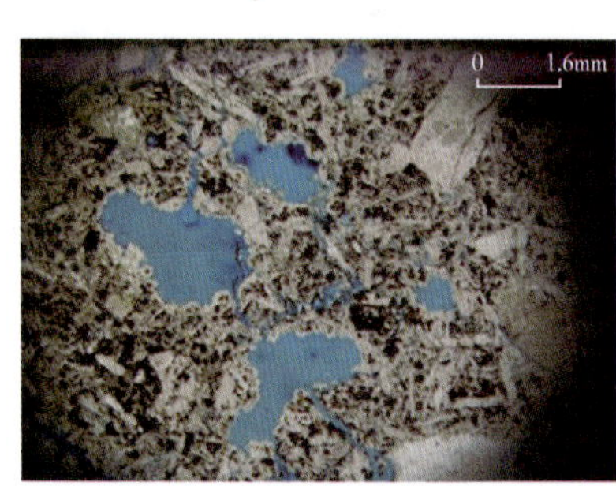
a. 气孔（A井，安山岩，3237.96m）

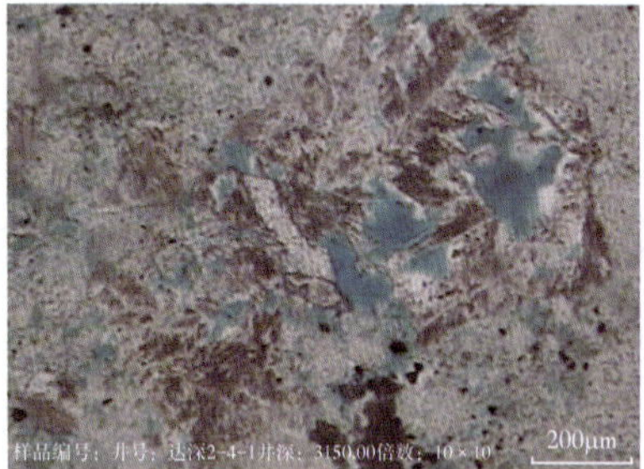
b. 溶孔（B井，安山岩，3159m）

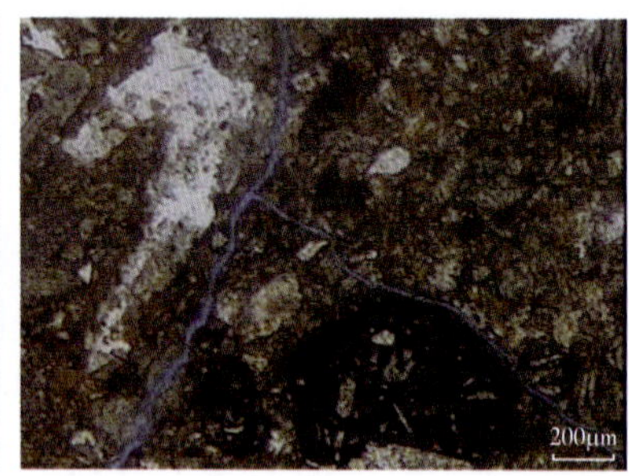
c. 微裂缝（C井，玄武岩，3696.55m）

图 2 中基性火山岩铸体薄片图

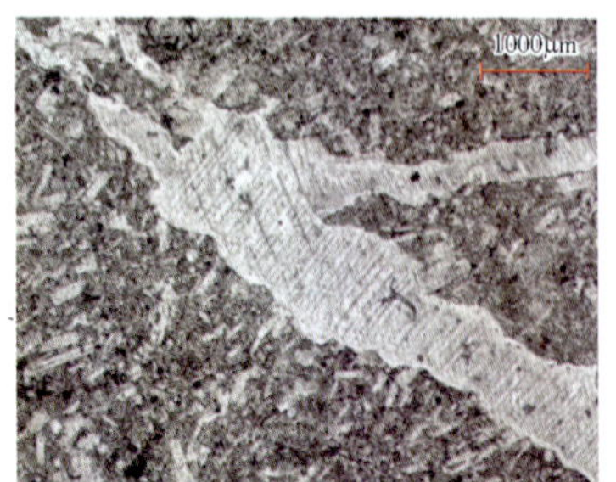
a. D井，硅质、方解石充填

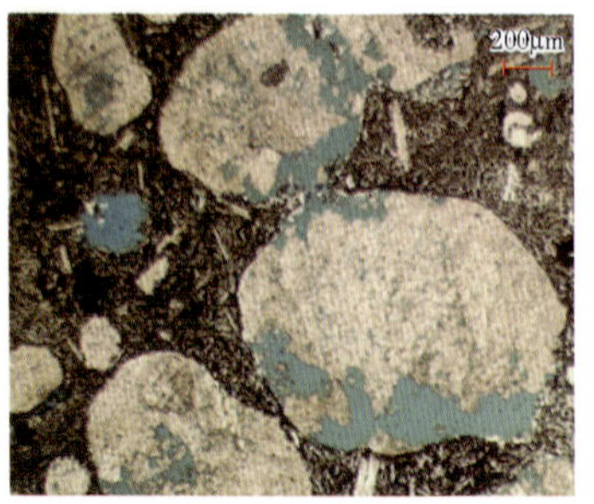
b. F井，绿泥石充填

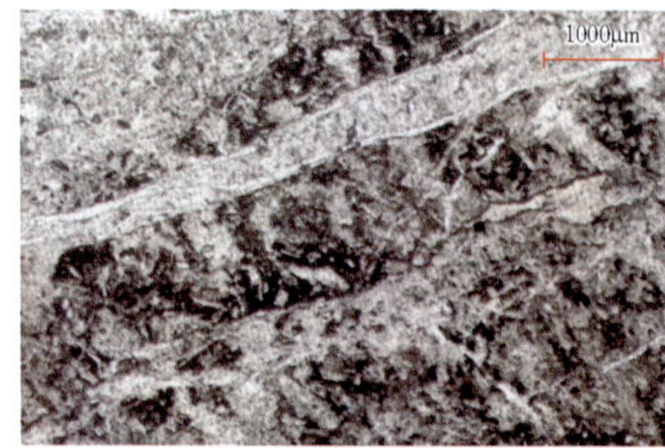
c. G井，浊沸石充填

图 3 中基性火山岩普通薄片图

由于天然裂缝被矿物充填，储层改造时沟通天然裂缝难度增大，裂缝填充物以酸敏矿物为主，因此，开展酸溶蚀评价实验，观察岩石中的组成部分如颗粒、杂基、胶结物及交代物等在有机酸的溶蚀作用下的溶蚀反应。实验表明：中基性火山岩岩心溶蚀率高（表 1），平均为 19.43%，破碎率为 2.24%。采用前置酸处理可降低储层破裂压力，其中，酸化溶蚀裂缝填充物效果较好，为后续水力裂缝激活与沟通更多裂缝系统创造有利条件，提高裂缝系统的导流能力，实现对天然裂缝系统的控制与利用，增加储层缝控储量，提高储层改造效果。

1.3 储层孔渗特征

对安达地区 A、B 两个井区的 82 块气层样品进行了全岩分析（表 2）：样品孔隙度为 1.0%～6.7%，平均为 3.92%；水平渗透率在 0.004～0.627mD 之间，平均为 0.229mD；垂向渗透率在 0.001～0.327mD 之间，平均为 0.071mD。属于低孔低渗储层。与该地区酸性火山岩相比，孔渗条件差。

表 1　中性性火山岩酸岩溶蚀率实验成果表

组数	溶蚀率（%）	破碎率（%）
1	19.77	1.98
1	19.15	2.60
3	19.51	2.24
4	19.29	2.13
平均	19.43	2.24

表 2　安达地区 A、B 井区岩心物性参数表

位置	井区块	样品数（块）	孔隙度（%）		渗透率（mD）			
					水平渗透率（mD）		垂向渗透率（mD）	
			范围	平均	范围	平均	范围	平均
安达地区	A 区块	53	3.7～6.7	5.03	0.004～0.538	0.025	0.001～0.258	0.019
	B 区块	29	1.0～5.2	2.80	0.005～0.627	0.044	0.003～0.327	0.138
	小计	82	1.0～6.7	3.92	0.004～0.627	0.229	0.001～0.327	0.071

2 岩石力学实验与脆性特征分析

岩石力学实验是直接采用天然岩石进行实验，得到岩石的变形参数、强度参数以及应力应变曲线等力学参数。开展中基性火山岩力学实验，确定储层改造难点，为储层有效改造提供指导。

实验设备采用美国 TerraTek 公司的三轴岩石力学综合测试系统，将圆柱形岩样放在具有液压的容器中，在圆柱两端用活塞加以轴向压力 σ_1，通过圆柱形液压油缸在岩心试样周围施加围压 $\sigma_2=\sigma_3$。由于试样侧表面已被加压油缸的橡皮套包住，液压油不会在试样表面造成摩擦力，因而围压可以均匀施加到试样上。通过持续加热液压油控制温度以保证岩石试样温度，温度控制系统可准确监控实验过程中液压油的温度。

按照《工程岩体试验方法标准》（GB/T 50266—2013）进行岩石静态参数测试。将标准岩样放置于压力室中，利用耐油热缩管将岩样密封，通过人工和计算机将参数调节到模拟条件。通过计算机的控制操作对岩样施加轴向压力，测得岩石静态参数，通过伺服系统进行数据的采集。

2.1 岩石力学实验与分析评价

在安达地区选取 4 口井的 12 块岩样，开展了三轴岩石力学综合测试实验。测得了包括杨氏模量、泊松比、抗压强度等在内的不同岩性的岩石力学参数（表 3）。通过实验可知，中基性火山岩储层岩性以安山岩、玄武岩、火山角砾岩为主，岩石致密程度、硬度高，杨氏模量大于 50.0GPa，岩石抗压强度大于 350MPa，岩石不易变形和破碎，破裂压力高，裂缝起裂难度大，储层可压性差，裂缝起裂后以张性裂缝为主，且宽度较窄。

表 3　中基性火山岩岩石三轴力学实验结果表

井号	岩心号	岩性	埋藏深度（m）	实验条件		实验结果		
				围压（MPa）	孔压（MPa）	杨氏模量（GPa）	泊松比	抗压强度（MPa）
A 井	1	安山岩	3207.3	54.8	32.1	63.01	0.34	471.7
	2					61.66	0.36	399.7
	3					62.91	0.31	>499.0
B 井	1	玄武岩	3409.1	58.7	34.1	52.93	0.34	356.6
	2					52.03	0.27	378.6
	3					49.82	0.36	369.6
C 井	1	安山岩	3753.8	67.4	37.5	62.32	0.30	453.9
	2					68.78	0.36	413.9
	3					62.45	0.36	389.9
D 井	1	火山角砾岩	3760.1	67.6	37.6	52.91	0.24	>499.0
	2					63.84	0.35	>500.0
	3					58.63	0.26	395.0

2.2 岩石地应力测试实验

地应力是存在于地层中未受工程扰动的天然应力。地应力的大小与方向决定了水力裂缝产状和延伸方向。目前有多种方法进行岩石地应力测试。由于地层岩石的弹性、强度和变形特性等在不同方向上存在差异，采用各方向异性实验方法测定地层地应力值，利用黏滞剩磁测试仪进行岩心定向，确定岩心主应力的方位。

2.2.1 各向异性地应力大小测试实验

由于岩石在地下储层条件下受三向力作用，所以要在不同方向取心进行实验，在全直径的岩心上钻取不同方向的 4 块小圆柱岩心（图 4），分别为垂直方向及在垂直岩心轴线平面内相隔 45°取 3 块小圆柱岩心。根据不同方向上测得的 3 个应力值，利用公式（1）至公式（3），求取最大水平主地应力及最小水平主应力。

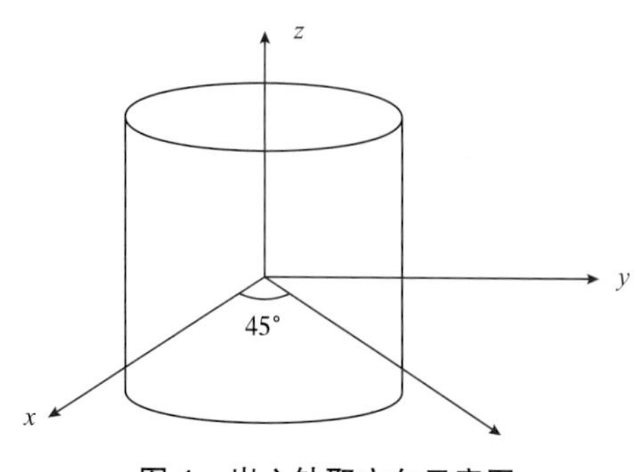

图 4　岩心钻取方向示意图

$$\sigma_v = \sigma_\perp + \alpha p_p - K p_c \tag{1}$$

式中　σ_v——上覆地层应力，MPa；

$\sigma_\perp$——围压下垂直方向岩心凯塞尔点应力，MPa；

α——有效应力系数；

p_p——地层孔隙压力，MPa；

K——围压修正系数；

p_c——高压井筒内岩心所承受的围压，MPa。

$$\sigma_H = \frac{\sigma_{0^\circ} + \sigma_{90^\circ}}{2} + \frac{\sigma_{0^\circ} - \sigma_{90^\circ}}{2}(1 + \tan^2 2\alpha)^{\frac{1}{2}} + \alpha p_p - K p_c \tag{2}$$

式中　σ_H——最大水平主地应力，MPa；

σ_{0°、σ_{90°——0°、90°2 个水平方向岩心围压下的凯塞尔点应力，MPa。

$$\sigma_h = \frac{\sigma_{0^\circ} + \sigma_{90^\circ}}{2} - \frac{\sigma_{0^\circ} - \sigma_{90^\circ}}{2}$$

$$(1+\tan^2 2\alpha)^{\frac{1}{2}}+\alpha p_p-Kp_c \quad (3)$$

式中 σ_h——最小水平主应力，MPa。

实验测得中基性火山岩 A1—A6 井地应力值及应力差异系数如表 4 所示，A 井区 6 块岩心最大水平主应力为 55.4～65.5MPa，最小水平主应力为 46.6～54.1MPa，应力范围波动大，水平应力为 8.8～12.0MPa，应力差均较大。地应力差异系数为 0.19～0.23。

表 4 A1—A6 井岩心地应力参数表

井号	岩心号	取心深度（m）	岩性	实验条件	实验结果			
				围压（MPa）	最小水平主应力（MPa）	最大水平主应力（MPa）	水平应力差（MPa）	地应力差异系数
A1	1	3207.38	安山岩	40	46.6	55.4	8.8	0.19
A2	2	3409.10	玄武岩	40	52.3	64.3	12.0	0.23
A3	3	3754.44	安山岩	40	53.4	63.8	10.4	0.19
A4	4	3676.55	火山角砂岩	40	53.4	64.0	10.6	0.20
A5	5	3780.72	安山岩	40	54.1	65.5	11.4	0.21
A6	6	3780.76	玄武岩	40	51.9	62.4	10.5	0.20

水平应力差与地应力差异系数不仅对裂缝扩展方向具有一定的控制作用，同时也影响着体积压裂工艺下水力裂缝扩展形态的复杂程度。由于中基性火山岩水平应力差大，地应力差异系数小，水力裂缝扩展形态的复杂程度较低，裂缝扩展趋于形成简单缝。为提高裂缝复杂程度需要降低裂缝间距，增大缝间干扰，降低水平应力差，增大地应力差异系数，以此来形成复杂裂缝，提高缝控改造体积。

2.2.2 各向异性地应力大小测试实验

采用黏滞剩磁测试仪测试 B1—B6 井岩心的黏滞剩磁分量，标定岩心的地理方位，并结合波速各向异性实验测得的水平最大、最小主应力与储层全直径岩心测试方向的关系，最终确定出水平最大、最小地应力的地理方位。测得 B 井区 6 块岩心水平最大主应力方位在 NE64.8°～NE85.7°之间，水平最小主应力方位在 NE163.8°～NE175.7°之间（表 5），通过水平最大主应力方位，确定水力裂缝方向以东西向裂缝为主。

表 5 B1—B6 井岩心最大与最小主应力方向测试参数表

井名	岩心号	岩性	样品深度（m）	水平最大主应力方向 NE（°）	水平最小主应力方向 NE（°）
B1	1	玄武岩	3408.1	64.8	163.8
B2	2	安山岩	3757.0	85.7	175.7
B3	3	火山角砂熔岩	3760.2	68.7	174.3
B4	4	玄武岩	3453.0	82.4	172.4
B5	5	安山岩	3689.8	79.2	169.2
B6	6	火山角砂熔岩	3567.3	68.7	174.3

2.3 岩石断裂韧性实验

根据国际岩石力学学会推荐的实验标准开展三点弯曲实验（图 5），测试岩心断裂韧性大小。根据国际岩石力学学会建议的标准，确定预制裂缝的尺寸，测试采用的标准为：$S/2R=0.8$，$a/R=0.4$，即预制缝长为 2cm，两支撑端距离为 8mm，且预制裂缝宽度为 1mm。

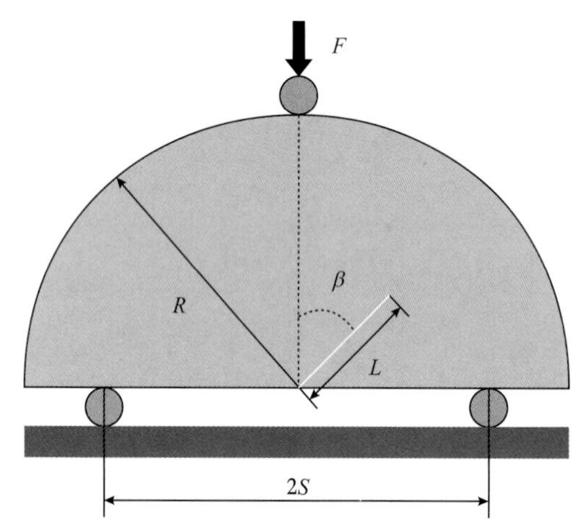

图 5 三点弯曲实验示意图

F—施加的载荷；S—两支撑端距离的 1/2；L—人工切槽的长度；R—半圆盘试样的半径；β—施加载荷与人工切槽的角度

根据实验获得的载荷数据以及试样和预制裂缝尺寸，采用国际岩石力学学会建议方法计算试样的断裂韧性。半圆盘试样断裂韧性 K_{IC} 的计算公式为：

$$K_{IC}=\frac{p_{max}\sqrt{\pi a}}{2RB}Y' \tag{4}$$

式中 K_{IC}——断裂韧性，$MPa \cdot m^{1/2}$；

p_{max}——试样破断时的载荷，MPa；

Y'——归一化应力强度因子；

a——人工切槽的长度，mm；

R——半圆盘试样的半径，mm；

B——半圆盘试样的厚度，mm。

实验测得中基性火山岩断裂韧性为 7.0～8.6$MPa \cdot m^{1/2}$，平均为 7.5$MPa \cdot m^{1/2}$（表 6），中基性火山岩断裂韧性值较高（是常规砂岩的 3 倍以上）。由于岩石断裂韧性的大小与破裂压力和裂缝延伸压力呈正相关性，因此，岩石的断裂韧性影响控制着水力裂缝的起裂和扩展，储层断裂韧性越小，水力裂缝越容易起裂和向前扩展；反之裂缝起裂扩展的难度越大。由于中基性火山岩断裂韧性值较高，导致中基性火山岩的破裂压力非常高，增产改造时需要比常规砂岩施工时功率更大、设备更多，同时裂缝延伸扩展的难度大。裂缝不容易向前延伸，在相同施工规模下，改造缝长比常规砂岩的缝长要短。

表 6 不同岩心断裂韧性实验结果参数表

井号	岩心号	取心深度（m）	岩 性	断裂韧性（$MPa \cdot m^{1/2}$）
C1	1	3755.1	安山岩	7.4
C2	2	3761.6	火山角砾岩	8.6
C3	3	3209.7	安山岩	7.1
C4	4	3410.4	玄武岩	7.0
C5	5	3565.2	火山角砾岩	7.9
C6	6	3652.2	玄武岩	7.2

2.4 基于能量演化方法的脆性计算与分析

脆性指数是评价储层品质的重要参数[7-8]，反映了岩石在一定压力下失效和维持裂缝的能力。脆性指数用于判断压裂后形成裂缝的复杂程度，为了定量中基性火山岩的脆性，分别采用基于岩石力学参数和基于能量演化方法的脆性指数计算方法，分析中基性火山岩岩样的脆性强弱。

依据三轴压缩试验典型的全应力—应变曲线（图 6）。将 O 点至 e 点的整个试样断裂过程分为 3 个阶段：峰前阶段（O 点至 d 点）、峰后阶段（d 点至 e 点）、残余阶段（e 点以后）。

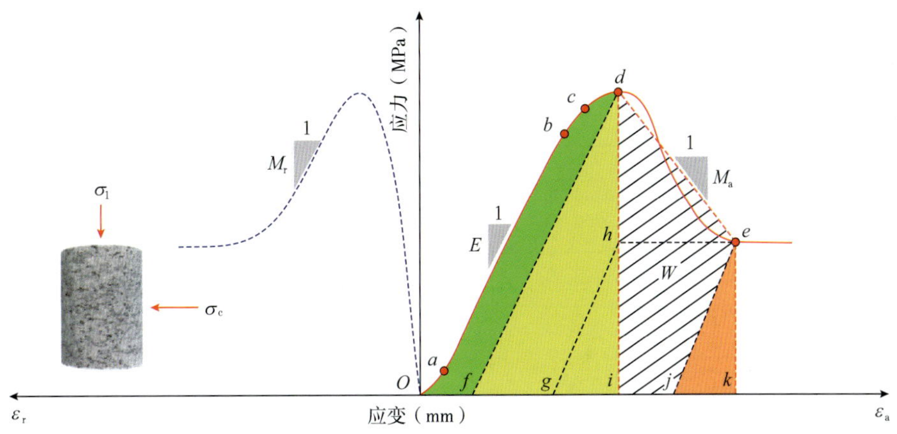

图 6　典型三轴压缩全应力—应变曲线图

峰前阶段（O 点至 d 点）：输入的能量中以弹性能的形式存储的比例越高，岩石脆性越高；反之，岩石塑性越高。峰前脆性指数可表示为：

$$B_1=\frac{U_p^e}{U_p}=\frac{\frac{1}{2E}\{(\sigma_p+\sigma_c)^2+2\sigma_c^2-2\nu[2(\sigma_p+\sigma_c)\sigma_c+\sigma_c^2]\}}{\int\sigma_a d\varepsilon_a+\sigma_c\varepsilon_{vp}} \tag{5}$$

式中　B_1——峰前脆性指数；

U_p^e——弹性应变能，J；

U_p——吸收能量，J；

E——杨氏模量，GPa；

σ_p——峰值应力，MPa；

σ_a——轴向应力，MPa；

σ_c——围压，MPa；

ε_a——轴向应变，mm；

ε_{vp}——体积应变，mm；

ν——泊松比。

峰后阶段：释放的弹性能在驱动岩石破裂的过程中所占的比例越高，岩石脆性越高。额外能量 $W>0$，Ⅰ类曲线（脆性—塑性）；$W<0$，Ⅱ类曲线（强脆性）。

$$B_2=\frac{\Delta U^e}{W+\Delta U^e}=\frac{\frac{1}{E}(\sigma_p+\sigma_y+2\sigma_c-4\nu\sigma_c)}{\frac{-1}{M_a}(\sigma_p+\sigma_y+2\sigma_c-1\nu\sigma_c)} \tag{6}$$

式中　B_2——峰后脆性指数；

W——额外能量，J；

ΔU^e——额外应变能，J；

σ_y——残余应力，MPa；

M_a——轴向软化模量，GPa。

残余阶段：B_3 表示弹性应变能释放程度，弹性能释放的越完全、越彻底，岩石脆性越高；反之，岩石塑性越高。

$$B_3=1-\frac{U_y^e}{U_p^e}=1-\frac{(\sigma_y+\sigma_c)^2+2\sigma_c^2-2\nu[2(\sigma_y+\sigma_c)\sigma_c+\sigma_c^2]}{(\sigma_p+\sigma_c)^2+2\sigma_c^2-2\nu[2(\sigma_p+\sigma_c)\sigma_c+\sigma_c^2]} \tag{7}$$

式中　B_3——残余脆性指数；

U_y^e——残余能量，J；

总脆性指数的计算公式为：

$$B=B_1B_2B_3 \tag{8}$$

式中　B——总脆性指数。

总脆性指数 B 的取值范围为 0~1。当脆性指数 B 由 0 增加到 1 时，岩石破坏经历了由塑性破坏到脆性破坏的转变。按照火山岩岩石脆性的评价标准：$B<40\%$时，岩石为塑性；$40\%<B<60\%$时，岩石为脆性；$B>60\%$时，岩石为强脆性。该方法考虑了三轴压缩试验期间全应力应变曲线中关键的岩石强度和变形的力学参数。应用基于能量演化方法的脆性计算得出，安达地区中基性火山岩储层总脆性指数较高（≥50%），平均为 56.9%（表 7）。

脆性控制形成裂缝面的面积，高脆性岩石水力裂缝扩展面积大，易于形成复杂裂缝，中基性火山岩岩石为脆性，岩石越易破碎，压裂改造时易形成复杂裂缝，具备形成复杂裂缝的基础条件，适合应用于体积压裂工艺，扩大储层缝控改造体积，提高储层改造效果。

表 7　不同岩心脆性指数结果参数表

井号	岩心号	样品深度（m）	岩性	B_1（%）	B_2（%）	B_3（%）	B（%）
D1	1	3534. 5	安山岩	60. 7	86. 2	94. 5	49. 7
D2	2	3733. 6	安山岩	87. 8	72. 8	89. 3	57. 1
D3	3	3463. 7	玄武岩	79. 6	98. 4	81. 2	63. 7
D4	4	3020. 4	玄武岩	96. 7	92. 8	59. 4	53. 3
D5	5	3735. 1	火山角砾岩	83. 3	92. 1	79. 1	60. 7
D6	6	3737. 2	火山角砾岩	87. 8	72. 8	89. 3	57. 1

3 结　论

（1）中基性火山岩储层物性差，孔隙分布不均，以微孔隙和小孔隙为主，裂缝填充率高，裂缝填充物以酸敏矿物为主，可采用酸化溶蚀裂缝中的填充物，为水力裂缝激活与沟通更多裂缝系统创造有利条件，增加储层缝控储量，提高储层改造效果。

（2）中基性火山岩储层岩石致密程度、硬度高，杨氏模量>50. 0GPa，岩石抗压强度>350MPa，岩石不易变形和破碎，岩石破裂压力高，裂缝起裂难度大，储层可压性差，裂缝起裂后以张性裂缝为主，裂缝宽度较窄。

（3）中基性火山岩两向应力差较大，为 8. 8~12. 0MPa。常规压裂以单一裂缝为主，为提高裂缝复杂程度需要降低裂缝间距，增大缝间干扰，降低水平应力差，增大地应力差异系数，以此来形成复杂裂缝，提高缝控改造体积。

（4）中基性火山岩断裂韧性较高，平均为 7. 5MPa · $m^{1/2}$，导致该类储层的破裂压力和裂缝延伸压力高，增产改造时需要更多的设备，输出更大的功率，提高裂缝的延展效果。

（5）中基性火山岩储层岩心脆性较好，脆性特征明显，脆性指数高，岩石易破碎，易形成复杂裂缝，具备形成复杂裂缝的基础条件，适合应用于体积压裂工艺，增大储层改造体积，提高储层改造效果。

参考文献

［1］ 屈洋，刘庆．松辽盆地北部安达凹陷中基性火山岩储层孔隙结构及渗流机理研究［J］. 天然气勘探与开发，2018，41（1）：69-73.

［2］ 张永平，唐鹏飞，张浩，等．中基性火山岩体积压裂水平井增产预测图版及其应用［J］. 大庆石油地质与开发，2021，40（2）：66-73.

［3］ 仝少凯，高德利．水力压裂基础研究进展及发展建议［J］. 石油钻采工艺，2019，41（1）：101-115.

［4］ 那志强．水平井压裂起裂机理及裂缝延伸模型研究［D］. 山东：中国石油大学，2009：13-50.

［5］ 张士诚，郭天魁，周彤，等．天然页岩压裂裂缝扩展机理试验［J］. 石油学报，2014，35（3）：496-503.

［6］ 唐鹏飞，刘宇，齐士龙，等．大尺寸致密砂岩露头水力压裂物理模拟实验［J］. 断块油气田，2021，28（3）：397-402.

［7］ 唐鹏飞．松北致密气藏砂砾岩储层脆性特征实验研究［J］. 油气地质与采收率，2019，26（6）：46-52.

［8］ 叶亮，李宪文，马新星，等．不同脆性致密砂岩裂缝扩展规律实验［J］. 新疆石油地质，2020，41（5）：575-581.

页岩油用等孔径射孔器穿孔性能试验研究

李东传[1,2]，姜国庆[3]，王 涛[1,2]，陈奕君[1,2]，荆立英[1,2]

（1. 大庆油田有限责任公司采油工艺研究院；2. 石油工业油气田射孔器材质量监督检验中心；
3. 大庆油田有限责任公司勘探开发研究院）

摘 要：等孔径射孔器在偏靠条件下能够在套管上形成基本一致的射孔孔眼，在页岩油藏水平井射孔中广泛应用，为了全面掌握典型等孔径射孔器产品形成的射孔孔道特点，进行了地面混凝土靶、页岩靶模拟射孔试验。等孔径射孔器在偏靠条件下套管穿孔孔径为10.2~11.6mm，相对标准偏差在1.7%~5.4%之间；零间隙方向穿孔深度大，大间隙方向穿孔深度最小，平均穿孔深度为586~835mm，相对标准偏差为6.2%~22.2%；同一地面混凝土靶射孔试验中单个孔眼穿孔孔径、穿孔深度极小值分别为极大值的88.9%、53.0%，穿孔深度波动更大；地面条件下页岩靶总穿孔深度在300mm左右，110℃、80MPa条件下穿孔孔径、穿孔深度分别降低11%、18%；地面条件下页岩靶总穿孔深度为混凝土靶穿孔深度的48%。等孔径射孔器在偏靠条件下能够在套管上产生一致性较好的穿孔孔径，受间隙影响各相位间穿孔深度波动明显，受产品稳定性影响部分穿孔孔径、穿孔深度数据偏离，导致部分产品生产射孔孔道空间分布存在弱点。

关键词：等孔径射孔器；穿孔孔径；穿孔深度；相对标准偏差；稳定性

随着大庆油田古龙页岩油勘探开发的深入，工程技术人员越来越关注射孔对后续施工的影响[1-5]。页岩油气井射孔一般选用等孔径射孔器[6-8]，以获得相对一致的射孔孔眼，有助于得到更好的压裂施工效果。国内外对等孔径射孔器进行了大量研究[9-11]，由于等孔径射孔器侧重于追求孔径的一致性，其穿孔性能不完全满足国标[12]、行标[13]中对应外径聚能射孔器的要求；一般用相对标准偏差、孔径差异度[14]描述孔径一致性，评价指标分别为6%、10%，应用表明穿孔孔径相对标准偏差为5.9%时施工效果也较明显[15]；Craig D. Rasmuson 等[16]认为等孔径射孔能够使压裂过程中的施工压力和注入速率更加一致和可预测，便于获得更好的压裂效果；Javed Akbar Khan 等[17]指出较大的射孔深度处起裂压力明显降低；Li Kai 等[18]认为等孔径射孔弹在降低储层破裂压力（也可称为起裂压力）和延伸压力（即裂缝破裂后续施工压力）、减少近井摩阻损失、提高非常规油藏压裂施工效率等方面具有显著优势；Camron Miller 等[19]发现等孔径射孔中30%的射孔簇对生产没有贡献，表明许多射孔簇是无效的；Hardesty 等[20]给出等孔径射孔弹在页岩靶上穿孔深度165~239mm。以上研究均未给出等孔径射孔器穿孔孔径、穿孔深度空间分布特点，也未给出常用产品在页岩靶上的穿孔深度特点、页岩靶与混凝土靶穿孔深度关系。

穿孔孔径、穿孔深度均匀性及空间分布影响有效孔眼数量及裂缝延伸方向，乃至后续压裂施工效果及产能。为进一步掌握等孔径射孔器射孔效果，本文利用地面混凝土靶射孔试验、柱状靶射孔试验研究了国内具有代表性等孔径射孔器射孔空间分布特点及压力对穿孔性能的影响，便于进一步提高对等孔径射孔认识，指导现场使用及产品改进等。

第一作者简介：李东传，1969年生，男，高级工程师，现主要从事射孔器材检测技术研究工作。
邮箱：dqlidongchuan@petrochina.com.cn。

1 模拟试验

1.1 试验设计

开展地面混凝土靶对比试验（表 1），分析套管钢级对孔径射孔器穿孔性能影响；开展模拟温度、压力条件下柱状页岩靶射孔试验（表 2），分析温度、压力对等孔径射孔弹穿孔性能的影响。

表 1　射孔器混凝土靶试验设计参数表

序号	射孔弹型号	射孔枪型号	孔密（孔/m）	套管外径（mm）	套管壁厚（mm）	套管钢级	备注
1	30gA	95-20-60-105	20	139.7	10.54	P110	钢级影响
					10.54	Q125	
2		89-20-60-105			10.54	P110	钢级—壁厚影响
					9.17	P110	
					10.54	Q125	
3	25gA	89-16-90-105	16	139.7	10.54	Q125	等孔径
	30gB	89-16-90-105	16	139.7	7.72	L80	

表 2　射孔弹页岩靶试验设计参数表

序号	射孔弹型号	温度（℃）	压力（MPa）	试验数量（组）
1	30gA	常温	常压	6
2		常温	25	1
3		常温	60	1
4		常温	80	1
5		110	60	1
6		110	80	1

1.2 试验简介

地面混凝土靶试验选用不同套管，其他按 SY/T 6163—2018 地面条件下混凝土靶射孔试验规定的制作、养护混凝土靶，采用表 1 试验设计参数开展试验。试验时，射孔器模拟在水平井中一侧偏靠套管内壁（一个相位的射孔弹射流方向正对套管壁，零间隙），另一侧远离套管内壁（大间隙）。

页岩靶试验使用直径 178mm、长 400mm 左右的页岩柱状靶，平行页理面测试平均抗压强度为 50. 3MPa。按 SY/T 6163—2018 应力条件下贝雷砂岩靶射孔试验规定干燥、饱和，按 SY/T 6163—2018 高温高压条件下贝雷砂岩靶射孔试验方法开展不同温度、压力条件下射孔试验。

地面常温常压射孔试验的页岩用水泥固结到内径 200mm、匹配深度、壁厚 10mm 的钢壳内，页岩端面与模拟套管钢板间保持 20mm 水泥（模拟水泥环），室温下至少养护 48h，等孔径射孔弹模拟实际炸高（15mm）、间隙（0）射孔。

2 试验结果

2.1 混凝土靶试验

等孔径射孔器地面条件下混凝土靶射孔试验可以模拟呈现井下射孔分布，射孔孔眼在套管上按设计相位分布、螺旋延伸（图 1），孔道依次径向深入储层（图 2）。

图 1　射孔后的套管（1/2 切割）照片

图 2　射孔后的混凝土靶（剖面）照片

第一组试验中 P110 和 Q125 套管钢级差异造成的孔径差异为 0.1mm、穿孔深度差异为 33mm；第二组试验中 P110 和 Q125 套管厚度差异造成的穿孔孔径差异为 0.8mm、穿孔深度差异为 14mm，钢级差异造成的孔径差异为 0、穿孔深度差异为 41mm；第三组为其他类型的四相位等孔径射孔器，穿孔孔径、穿孔深度相对标准偏差分别为 1.7%~4.6%、8.1%~22.2%（表 3）。

表 3　射孔器地面混凝土靶试验结果汇总表

组别	射孔弹/射孔枪型号	套管钢级	套管壁厚（mm）	抗压强度（MPa）	穿孔孔径（mm）	穿孔孔径标准差（mm）	穿孔孔径相对标准偏差（%）	穿孔孔径判定值（mm）	穿孔深度（mm）	穿孔深度标准差（mm）	穿孔深度相对标准偏差（%）	穿孔深度判定值（mm）
一	30gA/95-20-60-105	P110	10.54	47.7	10.3	0.3	2.9	10.1	619	88	14.2	502
		Q125	10.54	47.8	10.2	0.3	2.9	10.0	586	78	13.3	482
二	30gA/89-20-60-105	P110	9.17	49.6	11.1	0.6	5.4	10.7	600	103	17.2	463
		P110	10.54	46.5	10.3	0.3	2.9	10.1	586	61	10.4	505
		Q125	10.54	44.6	10.3	0.3	2.9	10.1	627	39	6.2	575
三	25gA/89-16-90-105	Q125	10.54	35.8	11.6	0.2	1.7	11.5	808	179	22.2	570
	30gB/89-16-90-105	L80	7.72	41.9	10.9	0.5	4.6	10.6	757	61	8.1	676
	30gA/89-16-90-105	L80	7.72	39.7	10.2	0.4	3.9	9.9	835	94	11.3	710

2.2 页岩靶试验

常温常压条件下等孔径射孔器单元在页岩靶的平均探针（直径为 2mm 的钝探针）深度在 200mm 左右（表 4、图 3），沿页理方向剖开后观察到射孔孔道前部有杵体——破碎区域，强度低、易碎且长度较大，与砂岩孔道前部强度高且相对短的杵体明显不同，孔道加杵体——破碎区域总深度达300mm左右。考虑到压裂时压力可轻易透过射孔破碎区域，用总穿孔深度描述射孔孔道穿孔深度情况更合理。随着压力的增加，穿孔性能逐渐降低（表 5），110℃、80MPa 时穿孔孔径、穿孔深度分别降低 11%、18%。

图 3　页岩靶射孔孔道照片

表 4　常温常压条件下页岩靶试验结果汇总表

序号	孔径（mm）	探针深度（mm）	总穿孔深度（mm）
1	11.3	214	314
2	9.7	380	392
3	10.5	179	296
4	10.3	178	277
5	11.0	297	323
6	9.9	178	268
7	11.2	223	262
8	10.7	132	257
平均	10.6	223	299

表 5　模拟温度压力条件下页岩靶试验结果汇总表

序号	温度（℃）	压力（MPa）	穿孔孔径（mm）	探针深度（mm）
1	常温	常压	10.5	177
2	常温	33	9.9	169
3	常温	63	9.0	160
4	常温	85	9.0	147
5	110	64	9.2	162
6	110	80	9.3	145

3 分析与探讨

3.1 等孔径射孔器穿孔特点

按等孔径射孔器在混凝土靶上形成孔眼的相位绘制穿孔孔径、穿孔深度分布图，将穿孔深度除以 60 便于与穿孔孔径放到同一个图中（图 4、图 5），利于开展研究。六相位等孔径射孔器、四相位等孔径射孔器各相位间穿孔孔径一致性较好，相位间穿孔深度波动大。六相位等孔径射孔器的第 5 相位穿孔深度明显低于与其对称的第 3 相位，相位间最小穿孔深度为最大穿孔深度的 81.5%；四相位等孔径射孔器偏靠套管侧（零间隙，对应第 3 相位）方向穿孔深度最大、远离套管侧（大间隙，对应第 1 相位）方向穿孔深度最小，其他方向介于两者间，相位间最小穿孔深度为最大穿孔深度的 70.3%。

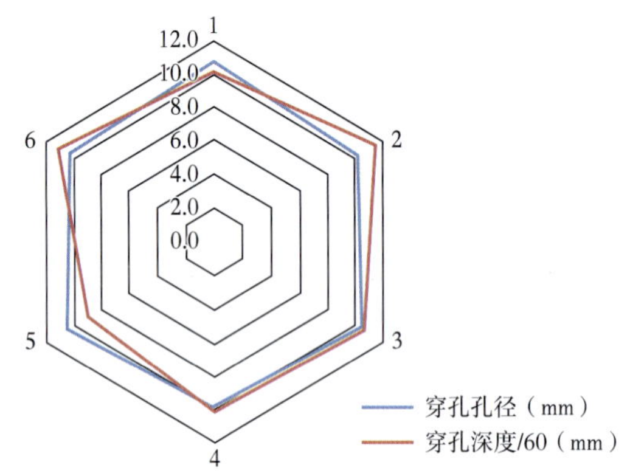

图 4　六相位等孔径射孔器穿孔孔径、穿孔深度分布图

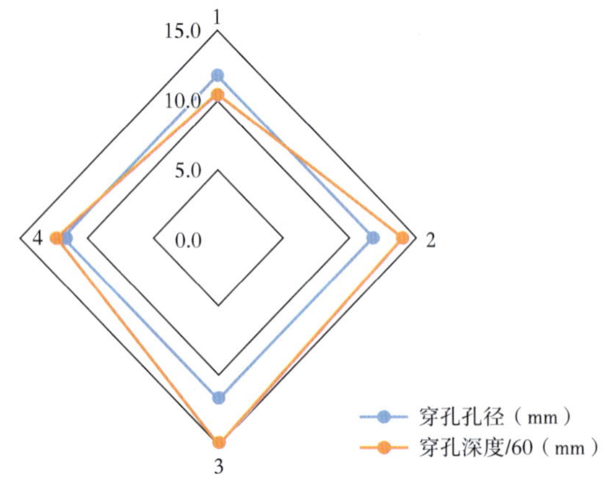

图 5　四相位等孔径射孔器穿孔孔径、穿孔深度分布图

鉴于较大的射孔深度起裂压力明显降低，因此，同一簇中甚至不同簇间相对浅的射孔孔眼在压裂过程中很难起裂或不起裂，易成为 Camron Miller 说的无效孔。因此，需要完善等孔径射孔器性能评价体系、提高产品稳定性，以现有产品穿孔性能为依据，从每组射孔试验产生的所有孔眼整体水平考虑，外径 89mm 等孔径射孔器评价指标宜确定为：穿孔孔径 10mm、穿孔孔径相对标准偏差 6.0%、穿孔深度 450mm、穿孔深度相对标准偏差 15%。

3.2 靶体影响与产品波动

以第一组试验为例分析波动产生的原因（表 6）。第 1 相位 0°对应的相位间隙为 4mm（盲孔深度），平均穿孔孔径为 10.6mm；第 4 相位 180°对应的相位间隙 35mm，平均穿孔孔径 9.9mm；第 2、6 相位及第 3、5 相位对应的平均穿孔孔径应随环空增大而减小，但第 2 相位对应的平均穿孔孔径偏小，第 3、5 相位对应的平均穿孔孔径偏大，主要原因是第 4 相位有相对较低的 10mm、9.6mm 两个数据。相位间最小平均穿孔孔径为最大平均穿孔孔径的 93.4%，基本达到了孔径一致目标。

普通外径 89mm、（四）相位射孔器（相位角为 90°）在 139.7mm、壁厚 7.72mm 套管中偏靠放置时带来的平均系统误差是 18mm[21]，约为总穿孔深度的 3.8%左右。因此，受等孔径射孔器与套管间隙影响，偏靠放置的四相位等孔径射孔器理论上第 1 相位（小间隙）的穿孔深度应最大、第 3 相位（大间隙）应最小；偏靠放置的六相位等孔径射孔器理论上第 1 相位（小间隙）的穿孔深度应最大、第 4 相位（大间隙）应最小。

表 6 中的穿孔数据可对应到水平井中实际射孔孔眼的空间分布，第 1 相位对应向下射孔的孔眼（相位角为 0°、枪与套管内壁间隙为 0），第 4 相位对应向上射孔的孔眼（相位角为 180°、枪与套管内壁间隙最大），第 2、3 相位及第 5、6 相位分布在两侧。穿孔孔径不大于 10.2mm 的数据有 10 个，这些数据和最大穿孔孔径（10.8mm）相比降幅均超过 5%，其中最小穿孔孔径为最大穿孔孔径的 88.9%；穿孔深度不大于 684mm 的数据有 10 个，这些数据和最大穿孔深度（724mm）相比降幅均超过 5%，其中最小穿孔深度为最大穿孔深度的 53.0%。可见，等孔径射孔器无论用不同相位

间的孔还是单个孔的数据进行对比分析，均有超过 5%的波动幅度，如第 1、5 相位穿孔深度偏低，甚至比理论最低的第 4 相位低 2.0%、12.2%，主要是由于出现了较低的数据（第 1 相位为 467、566，第 5 相位为 384、563）。可见，等孔径射孔器形成的射孔孔眼空间分布上具有穿孔孔径一致性好、相位间穿孔深度波动明显且稳定性对穿孔性能影响明显的特点。

这种波动似是随机出现的不稳定产品形成的，也可能是靶体（目的层）不均匀造成的，无法排除这种不稳定性。这种偏低的孔眼，一方面影响数值模拟计算的准确性（模拟计算输入平均值），另一方面也易形成压裂中的无效孔眼。因此，设计等孔径射孔器评价体系时还需要考虑限制数据中个体的波动，如增加相位间最小与最大数据比值、单个最小与最大数据比值作为评价参数，以限制产品波动对后续施工造成的影响。

表 6　等孔径射孔器数据波动分析表

序号		1	2	3	4	5	6	7	8	9	10	11	12	13	14	15	16	17	18	19	20	平均值（mm）	标准差（mm）
相位		1	2	3	4	5	6	1	2	3	4	5	6	1	2	3	4	5	6	1	2		
相位角（°）		0	60	120	180	240	300	0	60	120	180	240	300	0	60	120	180	240	300	0	60		
穿孔孔径（mm）	整体	10.7	9.6	10.2	10.2	10.2	10.4	10.8	10.1	10.4	10.0	10.8	10.1	10.2	10.2	10.5	9.6	10.4	10.3	10.6	10.6	10.3	0.3
	1 相位	10.7						10.8						10.2						10.6		10.6	0.3
	2 相位		9.6						10.1						10.2						10.6	10.1	0.4
	3 相位			10.2						10.4						10.5						10.4	0.2
	4 相位				10.2						10.0						9.6					9.9	0.3
	5 相位					10.2						10.8						10.4				10.5	0.3
	6 相位						10.4						10.2						10.3			10.3	0.1
穿孔深度（mm）	整体	724	684	589	594	384	529	467	649	681	627	651	710	566	718	634	601	563	724	624	669	619	88
	1 相位	724						467						566						624		595	108
	2 相位		684						649						718						669	680	29
	3 相位			589						681						634						635	46
	4 相位				594						627						601					607	17
	5 相位					384						651						563				533	136
	6 相位						529						710						724			654	109

3.3 页岩靶与混凝土靶间穿孔深度关系

等孔径射孔器在井下的穿孔深度是作为选择产品、施工设计的重要参数。目前很难准确获得井下射孔效果，一般使用实验室以模拟试验结果转化为井下穿孔深度。

国内外最常用的试验为地面混凝土靶射孔试验，只有在特定需求时才开展模拟地层开采的露头靶试验——页岩靶试验。为了方便现场应用，给出了简单的转换关系（图 6），页岩靶探针深度、总穿孔深度分别为混凝土靶穿孔深度的 0.31、0.48。

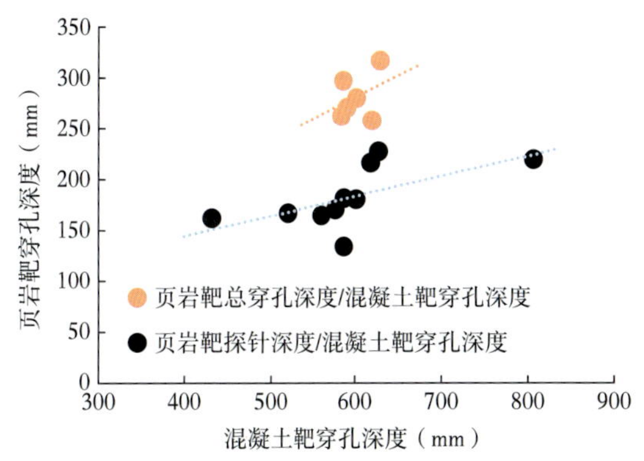

图 6　页岩靶穿孔深度与混凝土靶穿孔深度关系图

3.4 温度和压力对穿孔性能的影响

30gA 等孔径射孔弹使用的 RDX 炸药，120℃、48h 内性能无明显降低，因此温度影响不明显。射孔器与套管间有井液，靶体外有橡胶套，靶体内有孔隙，可同时加载井筒压力、上覆岩层压力和孔隙压力。为了方便对比，将穿孔深度除以 15 作图（图 7）。压力越高，穿孔孔径和穿孔深度降低越明显，当压力增加到 80MPa（110℃）时穿孔孔径和穿孔深度分别降低 11%、18%。

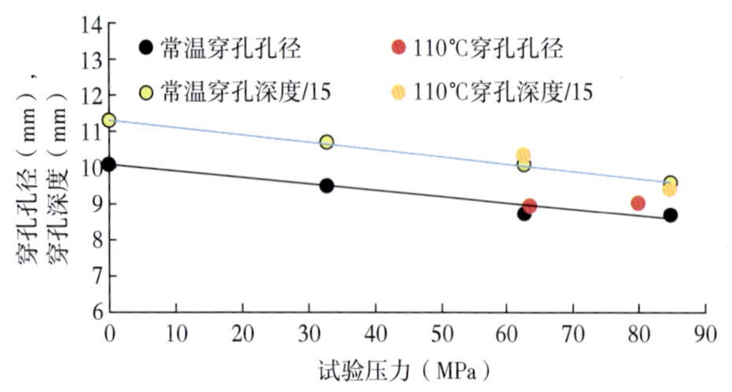

图 7　试验条件对穿孔性能的影响图

4 结论与建议

（1）等孔径射孔器偏靠套管内壁射孔可形成基本一致的穿孔孔径，相对标准偏差为 1.7%～5.4%；穿孔深度波动较大，相对标准偏差为6.3%～22.2%。空间上各相位间的穿孔孔径均匀性好，随射孔器与套管间隙的增加穿孔深度逐渐减小。受产品制造工艺及质量控制水平制约，同一等孔径射孔器不同相位间射孔数据及部分单个数据波动明显；同一种产品不同批次样品性能波动明显。

（2）30gA 型等孔径射孔器在页岩靶总穿孔深度为 257～323mm，为混凝土靶穿孔深度的 0.48，110℃、80MPa 条件下孔径、穿孔深度分别降低 11%、18%。

（3）建议考虑等孔径射孔器穿孔孔径、穿孔深度空间分布特点，结合产品稳定性等，制定评价方法及确定评价指标，同时加强等孔径射孔器穿孔性能与压裂效果间关系研究，进一步提高评价参数合理性，持续修正评价指标，更好地为现场施工服务并获得更好的产能。

（4）进一步完善等孔径射孔器页岩靶穿孔深度和地面混凝土靶穿孔深度间的关系曲线，为现场应用提供依据。

参考文献

[1] 杨雪楠．大庆油田古龙陆相页岩油国家级示范区正式设立．人民网．2021-08-28.

[2] 齐悦，陈绍云，李海，等．松辽盆地古龙页岩水平井井壁失稳机理［J］．大庆石油地质与开发，2022，41（3）：147-155.

[3] 蔡萌，唐鹏飞，魏旭，等．松辽盆地古龙页岩油复合体积压裂技术优化［J］．大庆石油地质与开发，2022，41（3）：156-164.

[4] 刘合，黄有泉，蔡萌，等．松辽盆地古龙页岩油储集层压裂改造工艺实践与发展建议［J］．石油勘探与开发，2023，50（3）：603-612.

[5] 袁士义，雷征东，李军诗，等．古龙页岩油有效开发关键理论技术问题与对策［J］．石油勘探与开发，2023，50（3）：562-572.

[6] 汪长栓，王海洲，李刚，等．Stim stream 等孔径深穿透射孔弹在页岩气井中的应用［J］．爆破器材，2017，46（5）：38-42，47.

[7] 黄威．等孔径射孔弹在四川长宁页岩气田的应用［J］．国外测井技术，2020，41（6）：104-105.

[8] Hardesty J，Clark N，Bell M R，et al. Perforation Shaped Charge Design for Shale Produces Improved Tunnel Geometry［C］. spe-149453-ms.

[9] 鲁坤，李必红，赵云涛，等．等孔径射孔弹数值模拟与试验研究［J］．测井技术，2017，41（3）：378-382.

[10] 郭红军，王宝兴，汪长栓，等．油气井等孔径射孔弹性能影响因素探讨［J］．测井技术，2016，40（6）:769-772.

[11] 郭鹏，罗宏伟，贾曦雨，等．孔径射孔弹技术研究［J］．测井技术，2017，41（4）：495-500.

[12] 国防科技工业委员会民爆器材服务中心．油气井聚能射孔器材通用技术条件：GB/T 20489—2006［S］．北京：中国标准出版社，2006.

[13] 石油测井专业标准化委员会（CPSC/TC11）．油气井用聚能射孔器材通用技术条件及性能试验方法：SY/T 6163—2018［S］．北京：石油工业出版社，2019.

[14] 李东传，金成福，孙成艳，等．等孔径射孔器穿孔性能评价方法探讨［J］．测井技术，2019，

43 (1):101-104, 110.

[15] Chriss, James C H. Advancing consistent hole charge technology to improve well productivity [C]//2016 International Perforating Symposium Galveston, May 10th, 2016.

[16] Rasmuson C D, Walden J T, Smith C H, et al. Consistent Entry-Hole Diameter Perforating Charge Reduces Completion Pressure and Increases Proppant Placement [C]. SPE -174761-MS, 2015.

[17] Javed Akbar Khan, Eswaran Padmanabhan, Izhar Ul-Haq. Hydraulic Fracturing to Investigate Impact of Fracturing Medium, Bedding Angle and Perforation Length on Fracture Growth in Low and High Brittle Shale [C]. OTC-31531-MS, 2022.

[18] Li Kai, Huang Penggang, Liu Yuan, et al. Performance Evaluation of Novel Perforation with Consistent Hole and Deep Penetration [C]. SPE-202854-MS, 2020.

[19] Miller C, Waters G, Rylander E. Evaluation of Production Log Data from Horizontal Wells Drilled in Organic Shales [C]//Paper presented at the North American Unconventional Gas Conference and Exhibition, The Woodlands, Texas, USA, SPE-144326-MS, 2011.

[20] Hardesty J, Clark N G, Bell M R G, et al. Perforation Shaped Charge Design for Shale Produces Improved Tunnel Geometry [C]//Society of Petroleum Engineers SPE Eastern Regional Meeting-Columbus, Ohio, USA SPE-149453-MS, 2011.

[21] 李东传，金成福，徐艳萍，等. 关于SY/T 5128—1997标准中穿孔深度判定方法所存在的系统误差[J]. 石油工业技术监督，2003，19 (2)：27-29.

气井智能化管控技术研究

孙　英[1,2,3]

（1. 大庆油田有限责任公司采油工艺研究院；2. 黑龙江省油气藏增产增注重点实验室；
3. 多资源协同陆相页岩油绿色开采全国重点实验室）

摘　要：为提高天然气产量，降低气井故障率，节省人工作业时间，开展了气井智能化管控技术研究。根据气井积液、水合物冻堵判定机理公式法，经验法及大数据建模分析法建立气井异常工况的判定规则，并搭建气井智能工况诊断及维护平台（简称平台），实现对气井的实时监测、报警、工况诊断、产能预测及智能维护，提高气井开井率及产气量。应用平台对川渝 X 气田数据异常报警、工况诊断、实现功能中措施有效率等进行测试 50 井次，符合率均为 100%；对实现功能中产能预测进行测试 10 井次，对比实际数据，趋势符合率范围在 83%～97%之间。应用结果验证了平台在油田数据处理和分析中的有效性和可行性，提高了增产效益，节省了人工及药剂成本。通过平台应用，提供了科学合理的分析数据，实现了气井智能化维护，提高了气井产气量，为气井全面数字化应用推广奠定了基础。

关键词：气井；工况诊断；故障维护；平台；产能预测

川渝 X 气田地广井稀（面积约为 5000km^2），生产环境恶劣（处于山路丘陵，夏季多雨、冬季多雾），并且交通不便，人工操作任务重，排采工艺优化难度大，施工模式效率低。依据气井管理经验确定气井开关制度，无法实现气井产气量最优化。因此，需研究探索高效气井工况在线监测、分析及智能管控技术，实时监控措施井生产动态，智能优化工作制度。为充分挖掘老井剩余潜力，实现川渝 X 气田低产低效气井的经济高效开采提供技术支撑。

1 研究区概况

川渝 X 气田投产气井 200 余口，受储层物性差和气井普遍产水影响，生产过程中约 95.2%气井产水，积液井占比为 90.2%，平均单井日产气量低。间开井占比约为 55%，水淹、低效关停井占比约为 40%，自然递减率高达 18.8%。对于积液井和间开井，当前主要采用人工加注泡排剂和不定期开关井的管理模式。

2 平台构建

因川渝 X 气田气井分布广、交通不便、人工任务重、施工模式效率低等生产实际情况及生产工艺现状，亟需实现气井智能化的数据收集与管理、及时掌握气井工况、优化泡排参数[1-2]，减轻人工操作强度，提升气田气井生产管理水平和生产效益。通过设计平台，实现数据的存储管理[3]、建模分析及远程控制等功能，对井口实时数据进行采集。开展平台功能模块设计，根据生产数据管理、工况诊断、实现功能、系统辅助 4 个维度，设计了 7 个功能模块，平台架构如图 1 所示。

（1）生产数据管理：实时展示，数据查询。

（2）工况诊断：异常报警。

（3）实现功能：远程测控、产能预测。

（4）系统辅助：模型配置、系统管理。

作者简介：孙英，1984 年生，女，工程师，现主要从事气井泡沫排水工作。
邮箱：tsunying@ petrochina. com. cn。

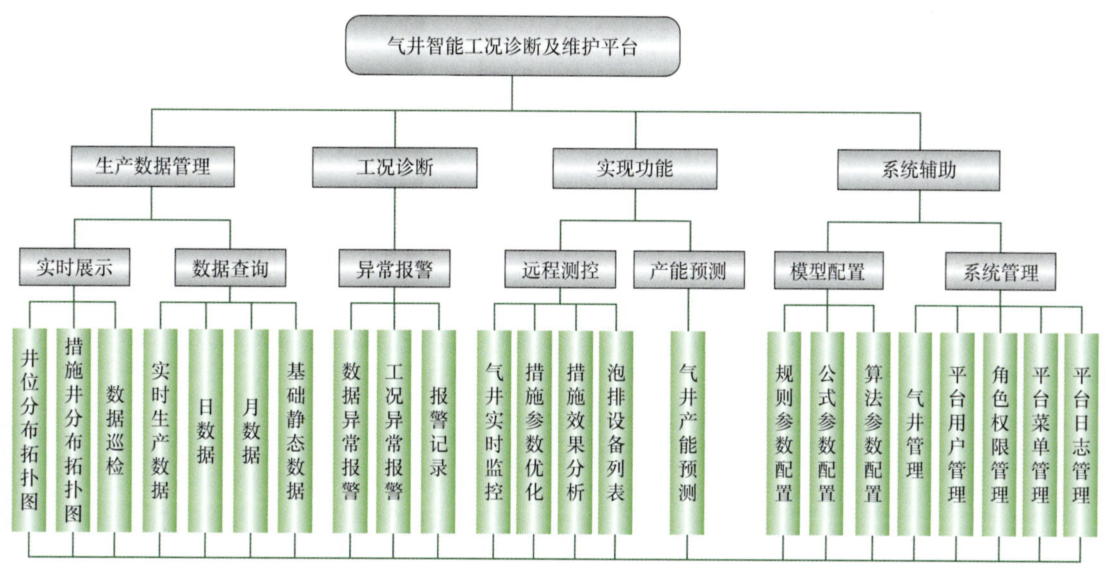

图 1　平台架构图

2.1 生产数据管理

生产数据反应当前气井的生产状况。以往是每天人工巡检一次、特定时间记录数据，费时费力且不能全面反映气井的生产状况。

平台数据实时展示和查询可实现对数据库中各参数监测，并可提供生产参数运行趋势图（可下载）如图 2 所示。

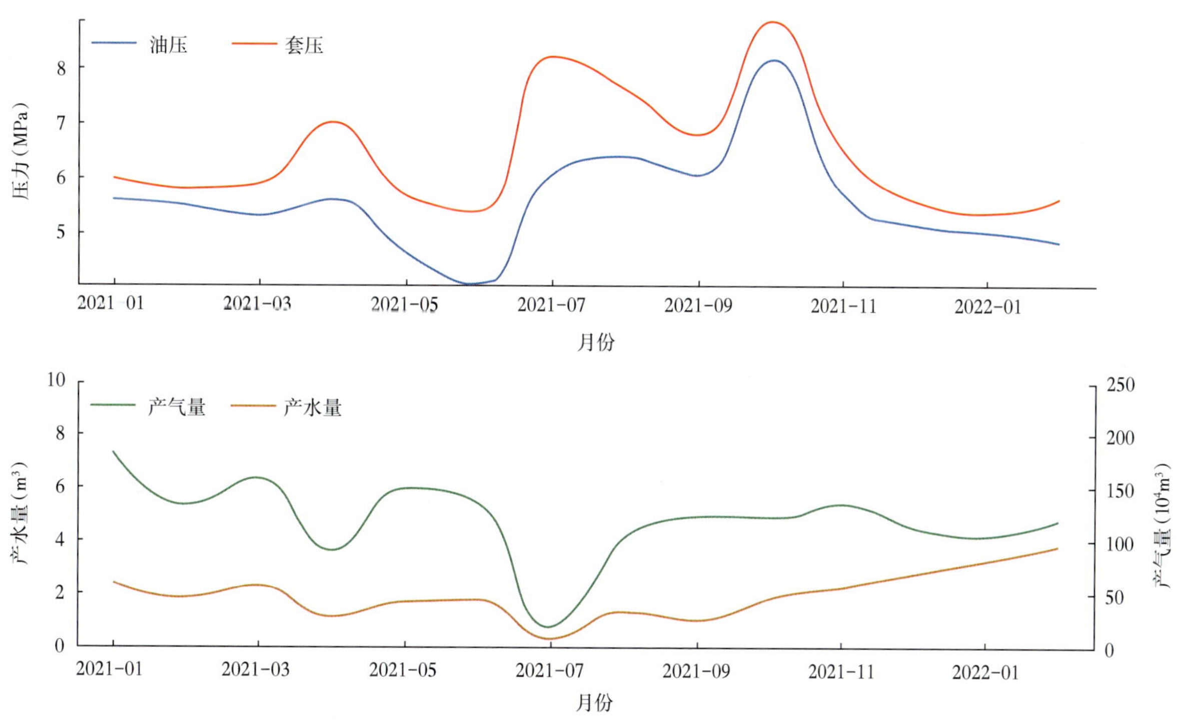

图 2　X1-001 气井生产参数运行趋势图

通过平台实现数据实时展示和查询，并可将数据上传至中油气水井生产数据管理系统（简称 A2），从而可以掌握气井全生命周期生产情况，及时发现气井异常数据，提高了气井巡检效率，为日后分析气井工况提供了完整的数据资料，有效地减轻了人工操作任务。

2.2 工况诊断

气井工况主要包含气井积液[4-5]、水合物冻堵情况等。因生产现场工况复杂，传统的工况诊断需要进行“人工分析—方案编制—现场实施”，并深度结合生产数据，耗时耗力，无法实现及时发现、及时治理。为了解决这一问题，研究开发了工况诊断模块。

2.2.1 诊断方法

目前工况诊断方法主要有如下三种方法。

（1）机理公式法。

基于实时生产数据，A2 单井日数据、月数据等，利用经典诊断公式作为机理公式法模型[6]，实现机理诊断气井工况。目前工况诊断以机理公式法诊断为主[7]。

①积液诊断。

积液诊断主要计算公式如下：

$$q_{cr}=\frac{2.5\times10^4 Apv}{ZT} \tag{1}$$

式中 q_{cr}——临界携液流量，$m^3/10^4m^3$；

Z——偏差系数；

T——温度，K；

A——油管截面积，m^2；

p——计算点压力，MPa；

v——气井临界携液流速，m/s。

其中气井临界携液流速 v 计算公式如下：

$$v=2.5\times\frac{[(\rho_l-\rho_g)\sigma]^{0.25}}{\sqrt{\rho_g}} \tag{2}$$

式中 ρ_l——液相密度，kg/m^3；

ρ_g——气相密度，kg/m^3；

σ——气液表面张力，N/m。

当临界携液流量 q_{cr} 大于产气量，判定为气井积液。

②水合物诊断。

水合物诊断主要依据波诺马列夫经验公式法[8]，适用于天然气相对密度 0.56～1kg/m^3。川渝 X 气田天然气相对密度符合该范围。给定温度时，求对应水合物生成压力，若实际压力大于水合物生成压力，则认为存在水合物。

（2）经验诊断法。

采用多年气井工况判断经验作为经验诊断法的模型基础，通过井口实时数据（油压、套压）实现经验诊断，最终判断气井工况。目前工况诊断以经验诊断法为辅。

（3）大数据算法。

从生产数据统计结果出发，进行定性定量分析，对比生产工况相关性较强的几类生产参数的变化趋势实现工况诊断。

针对不同数据源，以及目前训练数据样本数量等情况，优选机理公式法作为主要工况诊断方法，利用经验诊断法为辅助判断方法。同时不断增加大数据算法训练样本，持续完善大数据算法诊断模型。三种诊断方法中，以三取二方式进行工况诊断。

2.2.2 异常报警

为提高生产数据录取准确率及生产效率，开发了数据异常报警模块，实现了气井工况自动诊断。报警主要包括数据丢失、数据失真及趋势偏离等情况。分析川渝 X 气田气井实时生产数据情况，结合机理分析与现场经验，建立数据异常判定规则如表 1 所示。

表 1 数据异常判定规则表

异常类型	判别规则	报警规则
数据丢失与失真	油压、套压、油管温度数据丢失或者超量程范围。油压、套压量程范围 0～40MPa，油管温度量程范围-50～50℃	直接报警提示数据丢失；往前追溯 n 个点，报警达到 k 次，则报警提示数据失真（参数 n、k 默认为 5、4）
趋势偏离	油压、套压与前 20 个数据点的平均值对比，波动超过±50%	往前追溯 n 个点，报警达到 k 次，则报警提示数据偏离（参数 n、k 默认为 5、4）

异常报警模块获取实时数据后，利用数据异常判定规则判定数据异常类型，生成异常记录，当满足报警条件平台报警并存储异常记录。基于实时生产数据的数据异常报警处理流程如图 3 所示。

（1）数据丢失与失真。

以 X1-001 气井 4995 条数据为例，诊断出 1690

条数据丢失异常，22 条数据失真异常，数据失真异常诊断符合率为 100%，与实际生产工况结果一致。

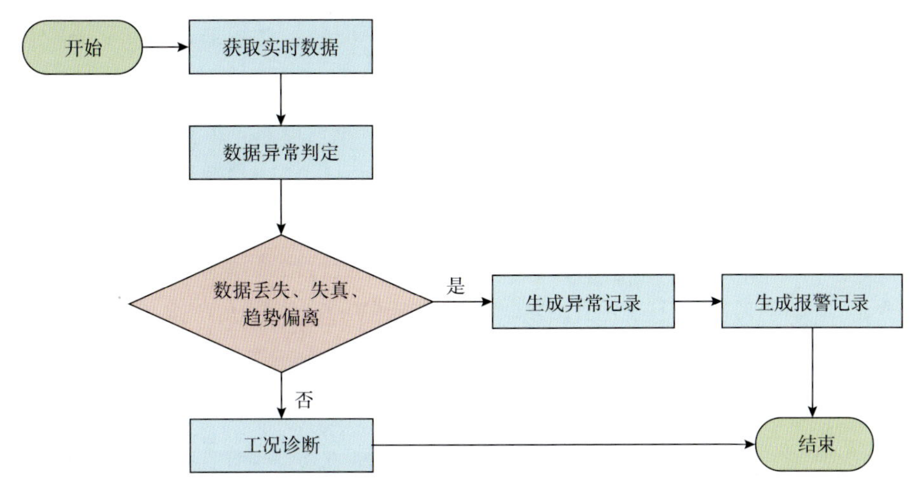

图 3　数据异常报警处理流程图

通常情况下生产数据丢失与失真是由检测仪表或是传输网络出现故障等因素引起的，从而导致生产参数无法采集，需要及时报警。实时生产数据主要包含气井油压、套压和油管温度 3 个参数。参数数据丢失异常判定结果满足报警规则，则显示数据丢失报警。X1-001 气井部分测试数据中油管温度数据丢失与失真，如表 2 所示。

表 2　X1-001 气井油管温度数据丢失异常报警表

时间	类别	记录	报警类别
5:00	无效	油管温度丢失	数据丢失
5:10	无效	油管温度丢失	数据丢失
5:20	无效	油管温度丢失	数据丢失
5:30	无效	油管温度丢失	数据丢失
5:40	无效	油管温度丢失	数据丢失
5:50	无效	油管温度丢失	数据丢失

注：测试日期为 2022 年 8 月 6 月。

X1-001 气井部分测试数据中油管温度数值超过实际量程，油管温度数据失真判定结果满足报警规则，显示数据失真异常报警，如表 3 所示。

表 3　X1-001 气井数据失真异常报警表

时间	类别	记录	报警类别
12:00	失真	油管温度 75℃不在-50~50℃	数据失真
12:10	失真	油管温度 75℃不在-50~50℃	数据失真
12:20	失真	油管温度 75℃不在-50~50℃	数据失真
12:30	失真	油管温度 75℃不在-50~50℃	数据失真
12:40	失真	油管温度 75℃不在-50~50℃	数据失真
12:50	失真	油管温度 75℃不在-50~50℃	数据失真

注：测试日期为 2022 年 7 月 29 日。

X1-001 气井数据丢失与失真报警统计如表 4 所示，针对符合报警规则的异常数据，进行数据统计、存储、报警展示，便于用户制订下一步处理措施。

表 4　X1-001 气井数据丢失与失真报警统计表

依据	报警次数	操作
油管温度丢失	1690	分析处理
往前追溯 5 个点，数据失真达到 4 次	22	分析处理

（2）数据趋势偏离。

生产过程中，仪表故障，仪表参数设置不当，以及生产中工况异常数据都会引起生产数据趋势偏离。以 Y1-001 气井实时生产数据为例，基于异常数据判定规则，主要检测实时生产数据中油压、套压和油管温度 3 个参数的数据是否趋势偏离。趋势偏离判定记录满足报警规则，报警结果如表 5 所示。

表 5　Y1-001 气井数据趋势偏离异常报警表

时间	类别	记录	报警类别
11:20	数据偏离	套压 24MPa，与前 20 个数据点的平均值相比，波动超过±50%	套压偏离趋势
11:30	数据偏离	套压 24MPa，与前 20 个数据点的平均值相比，波动超过±50%	套压偏离趋势
11:40	数据偏离	套压 24MPa，与前 20 个数据点的平均值相比，波动超过±50%	套压偏离趋势
11:50	数据偏离	套压 24MPa，与前 20 个数据点的平均值相比，波动超过±50%	套压偏离趋势
12:00	数据偏离	套压 24MPa，与前 20 个数据点的平均值相比，波动超过±50%	套压偏离趋势

注：测试日期为 2022 年 7 月 29 日。

Y1-001 气井数据趋势偏离报警统计如表 6 所示，针对异常数据符合报警规则情况，进行报警数据统计、展示，便于用户制订处理措施。

表 6 Y1-001 气井趋势偏离报警统计表

依据	报警次数	操作
往前追溯 5 个点，数据偏离趋势达到 4 次	10	分析处理

2.3 实现功能

2.3.1 远程测控

为解决人工加注泡排剂因路途远、费时费力及凭经验注入药剂容易造成浪费或达不到预期效果而开发了远程测控模块，实现对有自动泡排装置的措施井实时监控，包括主界面、参数设置、报警设置、报警日志、报警记录和运行记录 6 部分。对泡排设备进行报警设置，界面记录参数设置与报警有关操作时间、操作内容及控制命令等设置。界面结合远程通信技术记录泡排设备报警信息，可对实施措施的气井进行措施效果分析和间歇制度优化，并记录措施前后产气量、产水量和油压、套压变化情况，以及计算措施后一段时间内增产气量。积液量和间歇工作制度优化设计如图 4 所示。

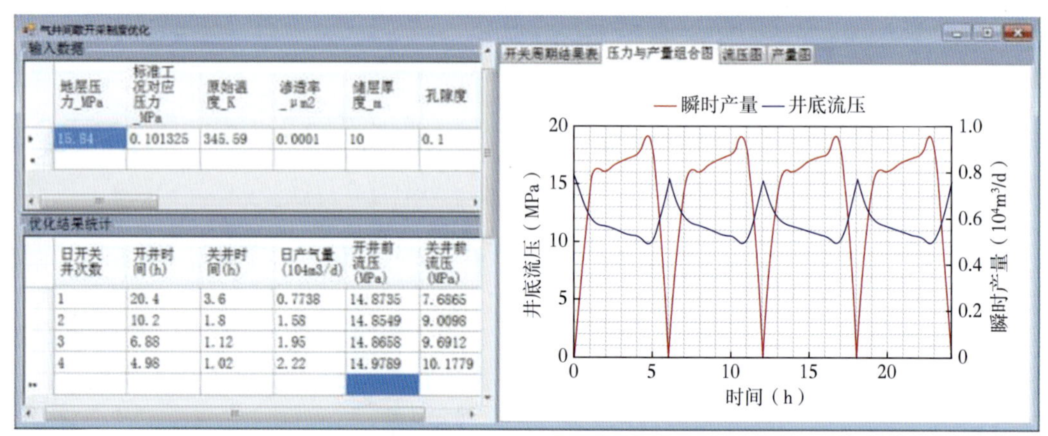

图 4 积液量和间歇工作制度优化设计图

通过加药量、积液量及间歇工作制度参数优化计算模型，确定经济有效的加药量、积液量、间歇工作制度三者的关系，构建泡排措施井工作制度实时评价及工艺参数优化方法，X1-002 气井加药措施优化前后效果分析如图 5 所示。

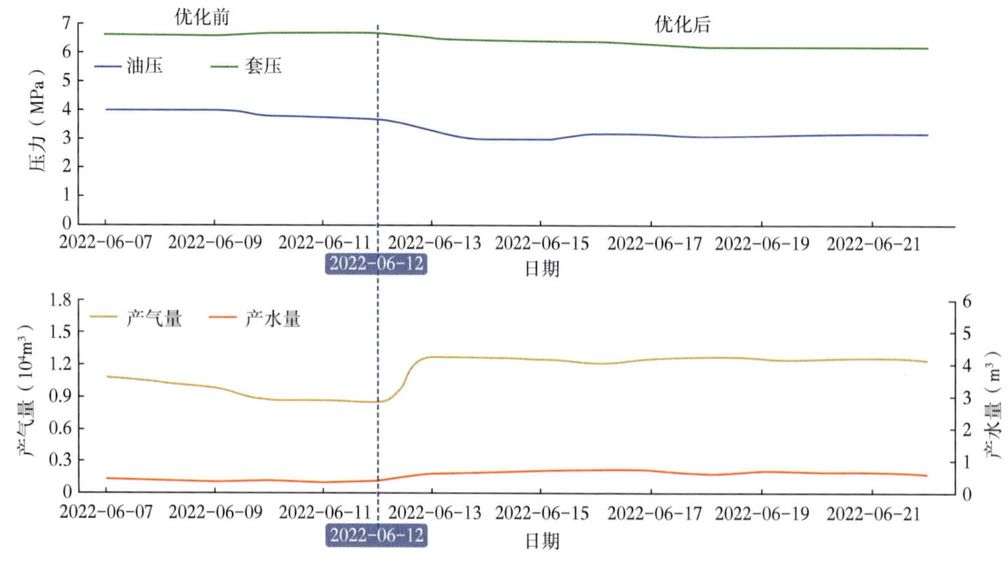

图 5 X1-002 气井加药措施优化效果分析图

该模块实现了泡排装置智能加药，不但减轻了人工工作量，及时解决了气井的生产问题，还通过计算实现了精准加注药剂，改变了过去经验加注方式，减少了药剂的浪费，提高了气井采收率。

2.3.2 产能预测

通过应用数学模型[9]（回归模型法、时间序列法）可实现预测未来 7d 单井日产气量，以及是否有积液或冻堵风险。现场一个月内连续测试，预测数据与真实数据对比如图 6 所示。

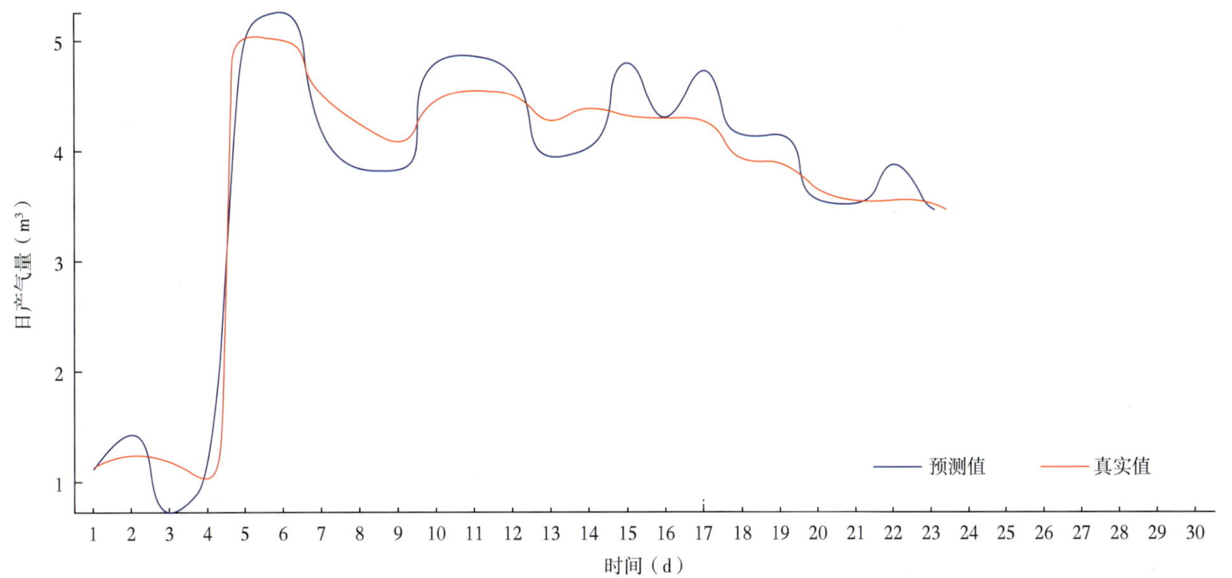

图 6　预测数据与真实数据对比图

2.4 系统辅助

2.4.1 模型配置

对数据异常判定规则和工况诊断规则的参数进行修正管理，包括添加、修改、删除规则参数和按照井号查询规则参数等功能，方便更新气井参数及进行单井特异性调整，提高异常报警及工况诊断的准确性。

2.4.2 系统管理

用户管理模块用于管理用户基础信息，包括查询、添加、更新用户信息及登录系统用户权限分级等功能，方便用户更新，防止用户误操作，便于系统管理与升级维护。

3 现场应用效果

平台对川渝 X 气田数据异常报警、工况诊断、实现功能共计测试 60 井次，测试结果如下。

3.1 数据异常报警

气井实时生产数据处理技术共测试 10 井次，测试数据 47008 条，数据符合率为 100%。数据更具有准确性和合理性，为下一步工况诊断及趋势预测提供坚实的数据基础。

3.2 气井工况诊断

积液诊断测试 10 井次，水合物冻堵诊断测试 6 井次，间开工况诊断测试 7 井次，诊断符合率均为 100%，能准确反映气井生产状况。同时在测试实验中发现，X1-003 井积液高于周边海拔位置较高的积液井 X1-004 井和 X1-005 井，推理以 X1-003 井为中心的位置地层含水，随离 X1-003 井位置越远及海拔升高，出水量成递减趋势。以此开展措施井加注药剂可以先以 X1-003 井为主，周边积液井加注泡排剂根据 X1-003 井处理效果观察相应数据变化，合理加注药剂，用措施测试验证处理效果。

3.3 实现功能测试

（1）措施有效性包括泡沫排水制度、注水合物抑制剂加注制度、间歇制度共测试 17 井次，措施有效率为 100%。

（2）趋势预测模型共测试 10 井次，趋势符合率范围在 83%~97%之间。

该模块不仅可以根据气井工况诊断情况分析、分级、分区域加注药剂，达到良好的处理效果，还可以预测未来 7d 单井日产气量以及是否有积液或冻堵风险，提前对气井进行措施维护，提高气井产量，为油田气井稳产、降本增效提供有力支撑。

4 结　论

（1）平台能够高效收集分析数据，实现异常数据报警，工况诊断分析，趋势预测及控制维护，有助于气田高效、精准数字化管理，可实现提前应对气井故障，提高了气井开井率及产气量，节省了人工及药剂成本，对气田开发提供了技术基础。

（2）实验测试中通过工况诊断，可对测试区域气井做措施区块划分，在划分区块内还可以根据生产情况划分等级，合理进行分区块梯度添加药剂，节省药剂成本，实现降本增效。

参考文献

[1] 王庆蓉，陈家晓，向建华，等．页岩气井积液诊断及排水采气工艺技术探讨［J］．油气勘探与开发，2020，38（5）：83-87.

[2] 顾绍兴．一机多注液体泡排剂自动加注装置研制与应用［J］．化学工程与装备，2022（2）：76-77.

[3] 向耀权，檀朝东，吴丽烽，等．基于 C/S 模式的采气工程方案设计编制平台软件开发［J］．中国石油和化工，2010（6）：54-56.

[4] 常森，马旭，李和清，等．气井积液预警新方法应用技术研究［J］．钻采工艺，2019，42（6）：62-65.

[5] 黄伟明，张永平，贺海军，等．大庆油田气井积液诊断及风险预判技术［C］//全国天然气学术年会，2015：279-284.

[6] 黄斌，张庭玮，傅程，等．水平气井积液诊断方法及携液模型研究进展［J］．能源与环保，2021，43（8）：95-99.

[7] 高涛，王高文，石硕坤．徐深气田 D 区块气井积液诊断及水体规模［J］．大庆石油地质与开发，2017，36（6）：86-90.

[8] 杨曦，张小龙，黄宇，等．天然气水合物预测方法研究［J］．内蒙古石油化工，2011（14）：5-6.

[9] 黄伟明．气井积液综合诊断及风险预警技术［J］．中外能源，2019，24（3）：48-52.

ABSTRACT

Research and Application of Flowback Fluid Compounding Guar Gum Fracturing Fluid

Tang Pengfei[1,2,3], Fan Keming[1,2,3], Han Zhiwei[1,2,3], Shang Hongzhi[1,2,3], Sun Zhicheng[1,2,3]

1. *Production Technology Institute of Daqing Oilfield Limited Company*;

2. *Heilongjiang Provincial Key Laboratory of Oil and Gas Reservoir Stimulation* ;

3. *State Key Laboratory of Continental Shale Oil*

Abstract: To solve the problems of large volumes of flowback fluid during the shale oil fracturing operation and the associated challenges in storage and treatment, research was conducted on the flowback fluid compounding guar gum fracturing fluid technology. Due to the complex composition and high salinity of flowback fluid, direct formulation with compounding guar gum does not dissolve with sufficient viscosity. Therefore, laboratory experiments were carried out to clarify the mechanism by which the compounding guar gum fracturing fluid does not gain viscosity when mixed with flowback fluid, and the flowback fluid compounding guar gum fracturing fluid technology was developed. Through the synergistic effect of three factors including the salinity adjustment, shielding ions, and composite crosslinking into one consideration, the performance of the compounding guar gum fracturing fluid mixed with flowback fluid is made equivalent to that of guar gum fracturing fluid prepared with tap water. The compounding utilization rate of the flowback fluid reached 100%. The flowback fluid compounding guar gum fracturing fluid technology was tested in Well X of Daqing Oilfield at site, with flowback fluid of $3000m^3$, sand loading injection of $112m^3$ in one interval and the maximum sand ratio of 30%. The successful field test has turned millions of cubic meters of shale oil fracturing flowback fluid into use every year, providing strong support for the development of unconventional resources.

Key Words: shale oil; fracturing; flowback fluid; salinity; guar gum fracturing fluid

Analysis and Countermeasures of Pipe String Stuck in Tight-oil Large Scale Fracturing Vertical Wells

Xu Hongli

No.1 Oil Production Plant of Daqing Oilfield Limited Company

Abstract: During the course of hydraulic fracturing, if the pipe string gets stuck and can't be pulled out smoothly, it will delay the drainage and production in producers and injectors, affecting the effectiveness of fracturing. If workover operation is carried out, it will prolong the operation time and increase the operation cost. Therefore, in order to solve the problem of pipe string stuck in tight-oil large-scale fracturing vertical wells, the analysis and countermeasures research were carried out, and big data statistical analysis was conducted on some operation wells in X, Y and other two blocks, so as to identify the characteristic factors in the pipe string stuck wells during fracturing operation. At the same time, the analysis of the workover results for the pipe string stuck wells was conducted to identify the main reasons of the sand producing stuck wells. Statistical analysis was conducted on four aspects, including the quality of fracturing tools, formation parameters, fracturing proppants, and on-site operation quality control. It has been determined that the performance and stage of the fracturing packers are the main factors affecting the safe pulling of the fracturing string. It was proposed to optimize the fracturing process and tools while ensuring the proper operation management before and after fracturing. This new technology effectively reduces the proportion of pipe string stuck in fracturing wells, avoids the impact on fracturing effectiveness, and provides the technical support for safe and efficient operation for fracturing wells in oilfield.

Key Words: hydraulic fracturing; packer; pipe string stuck; tight oil; temporarily plugging

Exploration of New Approaches to Stimulation of Ultra-Low Permeability Shale Reservoirs in Gulong

Fan Keming[1,2,3], Deng Dawei[1,2,3], Hou Baohuai[1,2,3], Li Wei[1,2,3], Yu Wangda[1,2,3]

1. *Production Technology Institute of Daqing Oilfield Limited Company*;

2. *Heilongjiang Provincial Key Laboratory of Oil and Gas Reservoir Stimulation*;

3. *State Key Laboratory of Continental Shale Oil*

Abstract: As the shale revolution in the United States rapidly progresses, the development of shale oil and gas has flourished in oilfields worldwide. Due to the ultra-low porosity and ultra-low permeability characteristics of shale reservoirs, conventional vertical wells struggle to achieve industrial production capacity. Consequently, the prevalent approach involves the use of ultra-long horizontal wells with large-scale volume fracturing stimulation technology. Given the high clay mineral content and extremely low permeability of the Gulong shale reservoir, there are significant differences in reservoir stimulation parameters compared to that of conventional reservoirs. Focusing on the condition of nano-pore of shale oil reservoirs, this study evaluates the compatibility between fracturing fluids and reservoir rocks, reservoir fluid filtration loss characteristics, and post-fracturing flowback performance in shale oil reservoirs. It also analyzes the retention of fracturing fluids within fractures, the sedimentation rules of proppants, and the fluid flow patterns within fractures during well blowout operation. Based on these analyses, the study proposes the optimal direction of fracturing fluid selection and proppant injection procedures, offering new insights for the design of artificial fractures in shale oil reservoirs.

Key Words: nano-pore; fracturing fluid filtration loss; dispersion rate; sand ratio; proppant particle size; displacement pressure

Analysis and Countermeasures of Difficult Fracturing in Tight Volcanic Rock Reservoirs — A Case Study of X Gas Field

Wang YiQun, Lang Shuang, Sun Hanwen, Guo Guanghui, Jia Guochao

1. *Gas Production Branch of Daqing Oilfield Limited Company*; 2. *No.3 Oil Production Plant of Daqing Oilfield Limited Company*

Abstract: In response to the difficulty of fracturing stimulation in the tight reservoir of the X gas field, a mathematical model was established to calculate and analyze the initial pressure and fracture width of the reservoir during the fracturing process. It was found that the initial pressure of the reservoir rock is greatly influenced by the perforation parameters and wellbore trajectory, with a maximum difference of up to 36.34 MPa. The fracture width of the reservoir is significantly affected by factors such as displacement, fluid volume, and rock properties. The combined effects of various factors contribute to the difficulties in reservoir stimulation. Based on the analysis results, technical strategies such as optimizing perforation locations and wellbore trajectories, increasing pressure-bearing capacity, and increasing the proportion of pre-fluid were adopted to improve the fracturing design compliance rate, increase the fracturing operation pressure, and extend the length and width of artificial fractures, resulting in an eleven percent increase in the average fracturing success rate for the tight reservoirs of X gas field. This effectively guided the efficient development of the target gas field.

Key Words: gas well; fracturing; fracture width; initial pressure for fracturing; volcanic rock

Research and Application of Deplugging and Descaling Agent for Ultra-high Salinity Gas Wells in Hechuan Gas Field

Liu Guohong

1. *Production Technology Institute of Daqing Oilfield Limited Company*;

2. *Heilongjiang Provincial Key Laboratory of Oil and Gas Reservoir Stimulation*

3. *State Key Laboratory of Continental Shale Oil*

Abstract: Due to the average salinity of formation water in Block D of Hechuan Gas Field is 2.5×10^5mg/L, carbonate sulfate and other insoluble substances are easily formed, leading to severe scaling in the wellbore and perforated holes. In order to solve the blockage problems of gas channels and improve the productivity of gas wells, the molecular structure of chelating descaling agent AH has been determined combining with the property of scale. The chelating descaling agent AH was made by using glyoxal, acetone, ethylenediamine, sodium 2-chloroethylsulfonate and hydrogen peroxide as raw materials. By comparing and analyzing the dissolution performance of hydrochloric acid, soil acid, EDTA, NTA and chelating descaling agent AH for the scale samples at the site in Hechuan Gas Filed , it showed that chelating descaling agent AH had the highest dissolution rate for scale samples. When the reaction time was 8h and the mass fraction was 20%, the average dissolution rate of the scale could reach 78.5%, and the corrosion rate was the lowest with 2.4g/($m^2\cdot h$). The chelating descaling agent AH has been applied to 12 wells for deplugging and descaling test in Hechuan Gas Field. The average gas production increased by $1.5\times10^4 m^3$/d per well, and the average tubing pressure increased by 1.8MPa, which successfully solved the problems of deplugging and descaling in Block D of Hechuan Gas Field.

Key Words: ultra-high salinity; gas well scale plugging; chelating descaling agent AH; performance evaluation; increase production

Research and Field Test of CO_2 Quasi-dry Fracturing Technology

Jia Zikai

Downhole Service Company of Daqing Oilfield Limited Company

Abstract: The Y oil reservoir formation in Daqing Oilfield is characterized by tight lithology, poor physical properties, low porosity, high content of clay mineral, as well as strong reservoir sensitivity. There are some problems easily happened after the conventional hydraulic fracturing, such as water sensitivity, water locking and sand production, which affects the exploration and development efficiency. In order to solve the problems, research has been conducted on CO_2 quasi-dry fracturing technology, with the focus on indoor experiments including CO_2 quasi-dry fracturing mechanism, fracturing fluid composition, temperature and shear resistance, and sand carrying performance, etc. A mixture system of water-based fracturing fluid has been formed, with the characteristics of low reservoir damage, strong fracturing ability, good sand carrying performance, and low friction, and the operation scale, half length of fracutre and operation displacement are also optimized. The technology has been made pilot experimewnt in the Well LN1 of Block A, and the daily oil production of a single well was 6.8 tons after fracturing, achieving desirable stimulation effect. Research showed that the CO_2 quasi-dry fracturing fluid system had the advantages of strong sand carrying capacity, low friction, convenient injection, with good effect in oil enhancement. It has provided a new method for the efficient development of the Y oil reservoir formation in the Songliao Basin.

Key Words: Y oil reservoir formation; high water sensitive reservoir; CO_2 quasi-dry fracturing; liquid CO_2; sand carrying performance

Design and Practice of Drilling Horizontal Wells with Large Offset and Insufficient Displacement in Gulong Shale Oil Reservoir

Yuan Xiaojing, Pan Rongshan, Wang Penghao, Yang Jinlong, Tao Lijie

Production Technology Institute of Daqing Oilfield Limited Company

Abstract: The Gulong shale oil reservoir has the characteristics of low maturity and low permeability, etc. The use of long horizontal section development with large platform and three-dimensional cross has become an effective methods to improve the development efficiency and comprehensive benefits for shale oil reservoir. Due to many factors such as large offset distance, insufficient displacement, and long horizontal section, it is easy to cause severe problems, including high drilling friction torque, wellbore collapse, difficulty in wellbore cleaning, horizontal section drilling guidance or extension, ensuring the cementing quality in large offset and insufficient displacement horizontal wells. Therefore, the research has been conducted on the design and practice of drilling horizontal wells with large offset and insufficient displacement in Gulong shale oil reservoir. This article optimizes the casing program of GY3-X-X well, the trajectory of "dual two-dimensional+spoon shaped well", the BHA of "one trip drilling", the performance of drilling fluid, and the cementing technology with tough cement slurry. The safe and rapid drilling of GY3-X-X well has been achieved 451m offset distance, 86m vertical distance before target, and 2550m long horizontal section. The technology effectively solves the technical problem for drilling horizontal wells with large offset and insufficient displacement in shale oil reservoir.

Key Words: Gulong shale oil reservoir; large offset distance; insufficient displacement; dual two dimensional+ spoon shaped well; drilling design

Research on Drilling Practice and Design Optimization of Pingye X Well Group

Han Dexin[1], Pu Saineng[2], Yang Jinlong[1], Qu Huaye[1], Liu Meiling[1]

1. *Production Technology Institute of Daqing Oilfield Limited Company*;

2. *Shale Oil Exploration and Development Command Center of Daqing Oilfield Limited Company*

Abstract: As a key exploration and development block of Daqing Oilfield in recent years, the Sichuan-Chongqing exploration area has good market prospects. With the continuous exploration and development, the difficulties in drilling engineering have gradually become prominent. Understanding the difficulties and key technologies in drilling operation is of great significance for promoting the drilling technology and optimizing drilling design in Sichuan-Chongqing exploration area. Among which, the drilling purpose of the Pingye X well group in the Yilong-Pingchang exploration project is to further evaluate and understand the shale quality and oil and gas content properties in lacustrine shale of Lianggaoshan Formation of Pingye X well area, which belongs to unconventional oil and gas reservoirs. The drilling fluid leakage and gas invasion are the main difficulties in actual drilling operation, seriously affecting the drilling safety and operation efficiency. Therefore, the optimization research on drilling design was carried out, plugging all the low-pressure formations to avoid the risk of leakage in low-pressure layer after running the protective casing drilling operation. The vertical depth of protective casing has been adjusted from around 2600m to 3000m. By using near balanced drilling, the density of the drilling fluid is reduced from 1.65g/cm^3 to 1.70g/cm^3, and the flow displacement is reduced to between 26L/s and 29L/s, which lowered the equivalent circulation density of the drilling fluid .By adopting leak prevention and plugging technology as well as gas invasion treatment technology, the leakage and gas invasion situation have been well controlled, which provided a strong technical support for further optimizing drilling design, ensuring drilling safety, and improving drilling rate in the Sichuan-Chongqing exploration area of Daqing Oilfield.

Key Words: Sichuan-Chongqing exploration area of Daqing Oilfield; shale oil and gas; fractures; well leakage; gas invasion; leak prevention and plugging; optimization of drilling design

Difficulties and Countermeasures of Drilling Technology for Tight Oil Reservoir in Songliao Basin

Cheng Yan

CNPC Daqing Drilling Engineering Company Limited

Abstract: In recent years, due to the insufficient resources of the conventional oil and gas in the Songliao Basin, the exploration and development for the unconventional tight oil and gas resources have gradually increased. However, due to the limiting factors of the geological burial and development characteristics of tight oil, many problems occurred during the drilling operations, which hindered efficient drilling process. Therefore, research and application have been carried out on the stability improvement of the measurement while drilling instrument LWD, the development of speed-increasing tools, and the optimization technology for drilling fluids. The single well error rate of the measurement while drilling instrument LWD has been reduced by 23.31%; the average wellbore diameter expansion rate in the horizontal section has decreased from 8.63% to 7.56%; the average drilling cycle has been shortened by 10.08 days; and the average drilling completion cycle has been shortened by 13.49 days. It has formed a series of high-quality and efficient drilling engineering technologies, which provides the support for the economic and effective development of tight oil in thin and poor reservoirs.

Key Words: tight oil; thin and poor reservoir; horizontal well; measurement while drilling instrument LWD; optimization of drilling fluid

Application of Efficient Drilling Technology in Well DA104H

Duan Yongjian

CNPC Daqing Drilling Engineering Company Limited

Abstract: Well DA104H is a deep shale gas well with limited geological data and operation experience. Many problems including the wellbore instability in the Ziliujing formation, active gas logging in the Jialingjiang-Longtan formation, difficulty in precise targeting and high risk of well control are prominent, which make safe and efficient drilling and well completion difficult. By optimizing drill bits and BHA as well as drilling parameters, developing drilling fluid technology and cementing measures, the drilling rate in large-sized boreholes has been improved, and the problem of wellbore instability has been effectively solved, so as to ensure the drilling rate into payzone, and achieve the safe and efficient operation in Well DA104H with the drilling depth of 6789m, horizontal section length of 2027m and drilling cycle of 56.71 days. Among them, the last drilling depth was 2854m in 4th drilling rotary steering operation, setting a record for the highest one-run drilling trips and the shortest drilling cycle for deep shale gas wells, with a vertical depth of over 4000m. It also created 11 new indicators in the Da'an Block of Zhejiang Oilfield, providing technical support for efficient operation of deep shale gas reservoir, and worthy of promotion and application in the Sichuan-Chongqing deep shale gas area.

Key Words: Da'an Block; deep shale gas; horizontal well; speed acceleration and efficiency improvement; drilling and completion technology

Analysis of Wax Deposition Characteristics in Shale Oil Wells Based on OLGA

Liu Yunshuang[1], Lu Qiuyu[2,3,4], Li Junliang[2,3,4], Zhang Xiaochuan[2,3,4], Ma Pingang[2,3,4]

1. *Chongqing Branch of of Daqing Oilfield Limited Company*;

2. *Production Technology Institute of Daqing Oilfield Limited Company*;

3. *Heilongjiang Provincial Key Laboratory of Oil and Gas Reservoir Stimulation*;

4. *State Key Laboratory of Continental Shale Oil*

Abstract: Due to severe wax deposition in shale oil wellbore of the Sichuan Basin, as well as the decrease in tubing pressure at wellhead and production, a study on the characteristics of wax deposition in multi-phase flow was conducted by means of OLGA software based on the basic and production data of Well A. The research results showed that the wax deposition location was above 700m in the wellbore. As the production time increased, the wax deposition thickness increased, but the maximum wax deposition point did not change. When the water cut is greater than 0.35, the wax thickness decreases with the increase of water cut. With the increase of the gas-liquid ratio, the thickness of wax deposition decreases, and there is a small range of changes in the location of wax deposition.The study can provide a reference to solve the problem of wax deposition in developing the shale oil wells, and give a theoretical basis for improving the development efficiency.

Key Words: Sichuan Basin; shale oil and gas; OLGA; wax deposition characteristics; multi-phase flow

Research on Characteristics of Medium Basic Volcanic Rock Reservoirs and Experimental Evaluation of Rock Mechanics

Qi Shilong [1,2,3], Liu Dengyuan[1,2,3], Tang Pengfei[1,2,3], Yang Chuncheng[1,2,3], Zhang Xingya[1,2,3]

1. *Production Technology Institute of Daqing Oilfield Limited Company*;

2. *Heilongjiang Provincial Key Laboratory of Oil and Gas Reservoir Stimulation*;

3. *State Key Laboratory of Continental Shale Oil*

Abstract: Currently, the medium basic volcanic rock reservoirs in the Songliao Basin are the important area for deep natural gas exploration and development, with great potential resource. The reservoir space is complex and diverse, mainly composed of medium basic andesite and basalt, with small reservoir thickness and poor physical properties, belonging to low porosity and low permeability reservoirs. In the past, mature fracturing technologies in conventional vertical wells had poor fracturing and stimulation effects, with an industrial rate of less than 50%. In horizontal wells, open-hole completion and fracturing technologies were used, and some oil production wells could achieve certain amount of production capacity in the initial stage after fracturing. However, due to the small stimulation volume of fracture control, the stable production capacity was weak, with low value for economical production. In order to carry out the targeted stimulation for reservoirs, it is necessary to understand the geological characteristics and rock mechanical properties of reservoirs. By analyzing three characteristics of reservoir pores distribution, natural fracture and reservoir pore permeability, and conducting rock mechanics triaxial experiments, rock terrestrial stress test, and rock fracture toughness experiments, the rock mechanics parameters have been obtained to clarify the mechanical properties, brittle characteristics, and fracture morphology. It provides the technical support for a comprehensive understanding of reservoirs and the development of production stimulation technologies, and provides theoretical basis for the optimal design of fracturing in medium basic volcanic rocks.

Key Words: medium basic volcanic rocks; natural fracture; rock mechanics; terrestrial stress; fracture toughness; brittleness

Experimental Study on Perforation Performance of Perforator with Equal Aperture for Shale Oil

Li Dongchuan[1,2], Jiang Guoqing[3], Wang Tao[1,2], Chen Yijun[1,2], Jing Liying[1,2]

1. *Production Technology Institute of Daqing Oilfield Limited Company*;

2. *Perforation Equipment Quality Supervision and Inspection Center of Oil and Gas Field in Oil Industry*;

3. *Exploration and Development Research Institute of Daqing Oilfield Limited Company*

Abstract: The characteristic of the perforator with equal aperture has been widely used in horizontal wells to form basically same-sized perforation holes on casing under eccentric conditions in shale oil reservoirs. In order to completely understand the characteristics of perforation holes formed by typical perforator with equal aperture, the simulation perforation tests were conducted on concrete and shale as targets . Under the condition of eccentric placement, the perforation diameter on the casing ranged from 10.2mm to 11.6mm, with a relative standard deviation of 1.7% to 5.4%. Perforation depth was large in the zero gap direction, while the perforation depth in the large gap direction was the smallest, with an average perforation depth ranging from 586mm to 835mm, and a relative standard deviation of 6.2% to 22.2%. In the same ground concrete target perforation test, the minimum values for individual hole diameters and perforation depths were 88.9% and 53.0% respectively of the maximum values, with greater fluctuation in perforation depth. Under ground conditions, the total perforation depth on shale targets was approximately 300mm, and the perforation diameter and depth decreased by 11% and 18% respectively under conditions of 110℃ and 80MPa. The total perforation depth in shale targets under ground conditions was 48% of the perforation depth in concrete targets. Under eccentric conditions, perforators with equal aperture can make relatively consistent holes on the casing. However, the perforation depth varies significantly at different directions due to the influence of gaps, and some variations in perforation diameter and depth are deviated by product stability performance, resulting in weakness in the spatial distribution of perforation channels produced by some products.

Key Words: perforator with equal aperture; perforation hole size; perforation depth; relative standard deviation; stability

Research on Intelligent Control Technology for Gas Wells

Sun Ying[1,2,3]

1. *Production Technology Institute of Daqing Oilfield Limited Company*;

2. *Heilongjiang Provincial Key Laboratory of Oil and Gas Reservoir Stimulation*;

3. *State Key Laboratory of Continental Shale Oil*

Abstract: In order to increase natural gas production, reduce the failure rate of gas wells, and save manual operation time, research on intelligent control technology for gas wells has been carried out. Based on the mechanism formula for determining liquid accumulation and freezing blockage in gas wells, empirical methods and big data modeling analysis methods, the rules for determining abnormal working conditions have been established in gas wells, and an intelligent working condition diagnosis and maintenance platform (hereinafter referred to as the platform) has been built, so as to achieve real-time monitoring, alarm, working condition diagnosis, production prediction, and intelligent maintenance of gas wells, and to improve the gas well working rate and gas production. The platform has been applied for 50 well tests in the Sichuan-Chongqing X Gas Field, including abnormal data alarms, condition diagnosis, and the effectiveness of measures, in the implementation of function with a compliance rate of 100%. The 10 well tests on the production prediction have been conducted in the implementation of function, and the trend conformity rate ranged from 83% to 97% through the comparison with the actual data. The application results have validated the effectiveness and feasibility of the platform in oilfield data processing and analysis, improving the production efficiency, and saving the labor and chemical costs. The application of the platform has provided scientific and reasonable data analysis, realized intelligent maintenance, improved gas production of gas wells, and laid the foundation for the comprehensive application and promotion of digital gas wells.

Key Words: gas well; condition diagnosis; fault maintenance; platform; production prediction